THE
GLASS CAGE
HOW OUR COMPUTERS
ARE
CHANGING US

玻璃笼子
自动化时代和我们的未来

［美］尼古拉斯·卡尔◎著

杨柳◎译

中信出版集团 · CHINACITICPRESS · 北京

图书在版编目（CIP）数据

玻璃笼子 /（美）卡尔著；杨柳译. —北京：中信出版社，2015.11
书名原文：The Glass Cage：How Our Computers Are Changing Us
ISBN 978–7–5086–5562–8

I.①玻… II.①卡…②杨… III.①电子计算机–影响–社会生活②自动化技术–影响–社会生活 IV.①TP–05

中国版本图书馆CIP数据核字（2015）第 239754 号

玻璃笼子

著　　者：[美]尼古拉斯·卡尔
译　　者：杨　柳
策划推广：中信出版社（China CITIC Press）
出版发行：中信出版集团股份有限公司
　　　　　（北京市朝阳区惠新东街甲 4 号富盛大厦 2 座　邮编　100029）
　　　　　（CITIC Publishing Group）
承 印 者：北京楠萍印刷有限公司
开　　本：880mm×1230mm　1/32　　　　　　印　张：8.5　　　　字　数：172 千字
版　　次：2015 年 11 月第 1 版　　　　　　　印　次：2015 年 11 月第 1 次印刷
京权图字：01-2014-7281　　　　　　　　　　广告经营许可证：京朝工商广字第 8087 号
书　　号：ISBN 978–7–5086–5562–8/F · 3516
定　　价：49.00 元

The Glass Cage | How Our Computers Are Changing Us ┃ **目　录** ┃

致驾驶员的警告

2013 年 1 月 4 日，新年的第一个星期五，新闻界风平浪静的一天。当天，美国联邦航空管理局（FAA）发布了一则仅有一页纸的通告。该通告没有标题，只是被归为"致驾驶员的安全警告"（SAFO），发布在美国联邦航空管理局网站上，并被发送给美国所有航空公司以及其他商用航空公司。通告简明扼要但隐意深远，指出"此安全警告鼓励驾驶员在适当的时候多采用手控飞行操作"。美国联邦航空管理局从失事飞机事故调查、意外事故报告及驾驶舱研究中搜集了一些证据，表明驾驶员曾经过度依赖自动飞行系统以及其他计算机系统。美国联邦航空管理局警告称，过度使用自动化飞行会"削弱飞行员快速处理飞机不良飞行状态的能力"。简言之，过度依赖自动化飞行会将飞机及机上乘客置于危险之中。最后，这份安全警告建议航空公司制定操作政策，要求飞行员减少自动化飞行的时间，更多地采用手控飞行。

本书是一本关于自动化的书，所谓自动化即借助计算机和软件完成过去需要人工手动完成的事情。我们不探讨自动化的技术问题或经济问题，也不讨论机器人、半机械人和机械部件的未来，虽然书中对这些都有提及。本书讲述的是自动化给人类带来的影响。在自动化正逐渐吞没我们的浪潮中，飞行员身先士卒。我们希望无论是在工作中还是在生活中，计算机都能替我们分担更多的事务，指引我们度过每一天。现在，我们若要完成某件事情，多半是坐在显示屏前，或打开笔记本电脑，或拿出智能手机，或在前额或手腕上戴上联网设备。我们运行应用程序，向屏幕索取答案，通过数字模拟声音获取建议，听从算法的智慧。

计算机自动化让生活更便捷，让我们少了些琐事的困扰。我们经常能事半功倍，或是做些以前做不到的事。但除此之外，自动化还给我们带来了许多更深层次的、更隐秘的影响。正如飞行员认识到的，并不是所有的自动化都是有益的。自动化能分担我们的工作，也能弱化我们的才能，偷走我们的生活。它会限制我们的视野，缩小我们的选择范围，将我们暴露于监控之下，操控我们。当计算机成为我们的日常伴侣，成为我们熟悉的、尽责的帮手时，我们还要留心它们在如何改变我们的行为和身份。

The Glass Cage

How Our Computers Are Changing Us

第一章

怀念手动挡汽车

The Glass Cage

How Our Computers
Are Changing Us

青少年时期，我做过许多丢脸的事，其中一件我叫它"机械狂人"：我努力学习操控手动变速器，这件事在当时闹得人尽皆知。1975 年，16 岁生日刚过，我就领到了驾驶执照。之前的那个秋天，我与一帮高中同学一起参加了驾驶员培训课。当时，我们的路面课和在车管局参加可怕的驾照考试时开的都是教练的那辆老古董车。那辆车是自动挡的，你只需踩下油门，转动方向盘，再踩刹车就行了。虽然这期间也有一些难掌握的操作——三点掉头、直线倒退、侧方停车，但是在学校停车位简单练习了以后，也就轻车熟路了。

　　拿到驾照后，我就准备上路了。但是，还有一个问题：当时家里只有一辆车能让我开，那是辆手动挡的斯巴鲁轿车。我父亲平时很少亲自教我，这次他决定给我上一课。那是个星期六的早晨，我们来到车库，他一屁股坐到驾驶位上，让我爬上副驾驶座。他把我的左手放在换挡把手上，指导我换挡："这是第一挡。"稍微停顿了一下，"第二挡"。再停一下，"第三挡"。

再停一下，"第四挡"。然后父亲说："这儿，"因为手腕扭曲的姿势特别不自然，我感到一丝疼痛，"是倒车。"他看了看我，确认我是不是都明白了。我茫然地点了点头。"然后，"他握着我的手前后扭动，"这是空挡。"他给我讲了四个前进挡变速范围的小窍门。然后，他指了指踩在拖鞋下面的离合器，"换挡的时候一定要踩离合"。

　　结果，当我在居住的新英格兰镇上路行驶时，出尽了洋相。当我试着找到正确的挡位时，汽车会颠簸，当我没有及时松开离合时，车子又猛地向前冲。一遇到红灯我就熄火，过十字路口开到一半的时候又熄火了。小坡对我来说简直是噩梦。我踩离合不是太快就是太慢，车子会倒退，直到撞上后车的保险杠。喇叭声、咒骂声四起，鸟儿也扑腾着翅膀被我吓跑了。但是，相比这些，更折磨我的还要数斯巴鲁那黄色的外壳——就像小孩儿的雨衣或是聒噪的雄性金翅雀的那种黄色。这辆车绝对吸引眼球，人们定会对我横冲直撞的情景过目不忘。

　　我那些朋友也没有对我表示半点儿同情，他们把我同手动挡的斗争当作令人捧腹的消遣，无休止地嘲笑我。当我换错挡，轮齿发出金属摩擦的声音时，他们中有人会在后座上兴奋地冲我叫："给我磨一磅①咖啡出来！"当发动机发出嘎嘎声熄了火，另一个人会窃笑着说"慢慢移动"。在我驾车时，"笨蛋"这个词经常在我耳畔响起。我怀疑，我的同伴们总在背后嘲笑

---

　　①　1磅≈0.45千克。——编者注

我不会用变速杆。这后面隐含的寓意对我造成了很深的影响，打击了一个 16 岁小男子汉的自尊心。

但我还是坚持——除了坚持，我还有什么选择呢？一两个星期以后，我掌握了变速杆的用法。变速器缴械投降了，对我宽容多了。我不再手忙脚乱，操作也变得协调了。很快，我就可以熟练地换挡了。一切就这么自然，车不再熄火、颠簸或是突然往前冲了。上坡或过路口的时候我也不会再紧张得出汗了。变速器和我合二为一。我对自己取得的成就颇感自豪。

但是，我还是想要一辆自动挡汽车。在那个年代，手动挡特别普及，至少经济型汽车和小孩开的简配车型是这样的，但手动挡已经老旧过时，有点儿跟不上潮流了。能"自动"的时候，谁还想要"手动"呢？这就像用手刷盘子和把盘子放到自动洗碗机里一样。结果，没过多久我的愿望就实现了。我拿到驾照的第三年，在一次午夜事故中，我成功地毁了那辆斯巴鲁，不久后，我拥有了一辆奶油色的双门福特"斑马"。这辆车简直就是垃圾——现在有些人把斑马视为 20 世纪美国制造业最低谷的标志，但对我来说，它的自动变速器还是替它挽回了点儿颜面。

我重获新生。左脚从离合器上解放了，闲下来没了用处。有时，我驾着这辆车在镇上游荡，我的左脚还会欢快地随着查理·沃茨或约翰·博纳姆的鼓声打拍子——斑马还有一个内置的八轨磁带托盘，这是另一个彰显它现代性的地方，但大多数时候，这个托盘摊开身子，躲在仪表盘左下方的凹陷处，静静地打着盹儿。原来右手握变速杆的地方变成了饮料托盘。我感到焕然一新，感觉跟上了时代的步伐，更重要的是，我觉得我解放了。

但这感觉并没有持续多久。我确实体验到了卸下负担的快感，但它们渐渐消退，随之而来的是一种新的情绪：厌倦。我没有向别人承认这一点，甚至我自己都不承认，但我确实怀念变速杆和离合器了。我想念它们带给我的那种操控感和融入感——想把发动机调多快就多快、松开离合和齿轮彼此咬合的感觉，还有降挡时的小刺激。自动挡让我觉得自己不太像个司机，更像个乘客。我开始讨厌自动挡了。

谷歌的无人汽车

我的驾龄达到35年以后，2010年10月9日的早晨，一位谷歌发明家、德国出生的机器人专家塞巴斯蒂安·特龙（Sebastian Thrun）在博客上发表了一份重大声明：谷歌已经成功研发了"无人驾驶汽车"。这并不是谷歌总部停车场上那些笨拙的、充当摆设的模型，而是些实实在在的、能在街上开的车，准确地说，是丰田"普锐斯"。特龙表示，谷歌汽车已经在加利福尼亚州和内华达州的道路和高速公路上行驶了10万英里①了。它们沿着好莱坞星光大道和太平洋海岸公路一路行驶，在金门大桥上穿梭，环绕了太浩湖。它们加入高速公路的

---

① 1英里≈1.61千米。——编者注

车流，穿过繁忙的十字路口，缓慢地在高峰拥堵的车辆间挪动。它们还曾突然变向以避免撞车。这些全是谷歌汽车自动完成的，没有任何人为干预。"我们认为这开创了机器人学领域的先河。"特龙写道，带着一丝狡黠的谦逊。

造一辆无人驾驶的汽车没什么了不起。从20世纪80年代开始，工程师和那些鼓捣小发明的人就一直在制造自动的或远程控制的汽车，但这些发明大多只是些粗糙、破旧的汽车。这些车仅能用于在封闭的轨道上进行驾驶试验，或参加在沙漠及其他偏远地区举行的赛车拉力赛，都是远离行人和警察的。特龙在声明中写得很清楚，谷歌汽车与上述汽车不同，它能成为交通史及汽车史上的重大突破，就在于它能在无人驾驶的情况下在喧闹、混乱、复杂的真实世界中行驶。谷歌汽车装载了激光测距仪、雷达和声呐发射机、运动检测器、视频摄像机及GPS①，能详尽准确地感知周围的事物。它能"看到"前方的道路。通过即时处理接收到的全部信息，车载计算机能"实时"地操控油门、方向盘及刹车，其操控速度和灵敏性均达到了上路要求，对于司机经常会遇到的突发情况，它也能轻松应对。谷歌的无人驾驶汽车车队现在已经成功行驶了超过100万英里，仅引发了一次严重的交通事故，即2011年5辆车在硅谷谷歌总部附近发生追尾。其实，那次撞车并不作数，因为谷歌很快就宣布："当时有人在手动驾驶汽车。"

在载着我们去上班或送孩子们去参加比赛之前，无人驾驶

---

① GPS，全球定位系统。——编者注

汽车还有一段路要走。尽管谷歌表示，要在未来 10 年内将谷歌汽车推向市场公开出售，但这可能有点儿痴心妄想。车辆的传感系统贵得离谱，单是车顶的激光装置就要 8 万美元。还有许多亟须解决的技术难题，例如，如何在雪地或铺满落叶的道路上行驶，如何处理意外绕行，怎样识别交警和交管人员的手势。即使是性能最高的计算机也很难分辨无害的路面杂物（例如压扁的纸箱）和危险的障碍物（一块钉着钉子的胶合板）。无人驾驶汽车在法律、文化及道德等方面将要面临的阻碍最让人望而生畏。例如，当无人驾驶汽车发生事故并造成人员伤亡时，应该怎样定罪及谁来承担责任？由车主承担，由安装自驾系统的汽车制造商承担，还是由编写软件的程序员承担？只有解决了这些棘手的问题，全自动汽车才能进入经销商的展厅。

　　不管怎样，技术都将快速向前发展。谷歌测试汽车所使用的硬件和软件，绝大部分都将用在未来的汽车和卡车上。自谷歌推出自动驾驶项目以来，世界上主要的汽车制造商都纷纷向世人展示他们在这方面的努力。目前来看，我们的目标不是发明一个完美的汽车机器人，而是要继续投资，完善自动化技术，提高汽车的安全性和便捷性，吸引人们购买新车。从我第一次把钥匙插到斯巴鲁的打火器里算起，自动化驾驶已经经历了很长一段时间。现在，汽车上搭载了很多电子设备。微芯片和传感器管理着汽车的导航控制、防抱死制动系统、牵引机制和稳定机制。一些高档汽车还装有变速设备、辅助停车系统、防碰撞系统、可调节顶灯以及仪表显示器等。软件在我们和道路之间架起了一个缓冲带。与其说我们是在控制汽车，不如说我们只是输入电子信号，传送给计算机，由计算机来控制汽车。

　　未来几年内，我们会发现，人在汽车驾驶中扮演的角色将越来越多地被软件取代。英菲尼迪、梅赛德斯及沃尔沃正在推出新的车型，这种汽车配有：雷达辅助的自适应巡航控制系统，即使是在龟速挪移的车流中，也能为汽车导航；计算机化的转向系统，能控制车轮，使车轮一直处于车道中央；紧急刹车系统，在遇到突发情况时它会自动启动。其他厂商也正忙着引进更先进的控制系统。电动汽车的先驱特斯拉汽车公司正在开发汽车自动驾驶仪，其首席执行官信心满满地表示，这种自动驾驶仪能"处理90%的行驶路段"。

　　谷歌无人驾驶汽车的问世颠覆了我们对驾驶的认知，但其影响不止于此。它迫使我们改变对计算机和机器人能力的认识。谷歌汽车的问世意义重大，在此之前，人们很自然地认为许多重要的技能是无法被自动化取代的。计算机能胜任很多事情，但它并不是无所不能。2004年有一本颇具影响力的书——《新分工：计算机如何开创新一代职场》（*The New Division of Labor: How Computers Are Creating the Next Job Market*），在这本书中，经济学家弗兰克·利维和理查德·默南提出，毫无疑问，软件程序可以复制人类与生俱来的技能，但在实际操作中存在一定的局限性，特别是涉及同感官知觉、图像识别及概念性知识相关的技能时。他们特别提到了在开阔的道路上驾驶汽车这个例子，这项技能要求驾驶员能及时处理杂乱的视觉信号，能熟练地转向，并迅速对意外情况做出反应。事实上，我们都不知道自己是如何成功做到这些的。所以，软件通过一系列的指令、一行行的代码就能降低驾驶的复杂性和不确定性，减少意外事故，真是可笑的想法。"面对迎面而来的车流左转弯，"利维和默南写道，"完成这个动作需要考虑很多因素，很难想象仅靠一组程序就能模拟驾驶员的操作。"看起来确实是这样，对利维和默南，甚至几乎所有人来说，方向盘还是牢牢地掌握在驾驶员手里。

长久以来，在评估计算机的能力方面，经济学家和心理学家一直在区分两种知识：隐性知识和显性知识。隐性知识，有时也称作程序性知识，是指我们不用思考就能完成的事情，包括骑自行车、抓住飞来的球、读书、开车等。这些技能不是与生俱来的，我们必须经过后天的学习，并且还存在是否擅长之分。但是，我们不能通过一两个窍门或是一连串准确定义的步骤来描述这些技能。神经学研究表明，当我们位于车水马龙的十字路口想要转弯时，大脑的许多区域都在努力工作，它们处理感官刺激，预测时间及距离，并协调胳膊和腿的动作。但是如果有人让你把转弯时所有想法和动作都记录下来，你却办不到，至少在不借助概括能力和抽象能力的情况下，你是无法记录的。这种能力深埋在你的神经系统里，在你的意识控制范围之外，因此你无法察觉正在进行的心理过程。

我们对情势的估计和快速判断的能力都来自于隐性知识这

个模糊的领域。我们大多数富有创造性与艺术感的技能也寄居于此。显性知识，也称为陈述性知识，是指你能够写下来的事情：如何换轮胎，如何折纸鹤，如何解二次方程等。这些行为能够被分解成可以准确描述的步骤。一个人可以通过书面或口头传授的方式向另一个人解释第一步做什么，第二步做什么，第三步做什么。

因为从本质上来说，软件程序就是一组精确描述的书面指令——第一步、第二步、第三步——我们可以认为，虽然计算机能模仿那些基于显性知识的技能，但在处理与隐性知识相关的技能时，计算机就不在行了。你怎么能把那些难以描述的东西转换成一行行的代码，转换成刻板的、一步接着一步的算法指令呢？显性知识和隐性知识的界限一直模糊不清，人类许多与生俱来的才能是这两种知识的融合。但是，这种模糊融合好像恰恰指出了自动化的局限性，并且反过来证明了人类的独特之处。利维和默南指出了计算机无法完成的复杂任务，除了驾驶，他们认为还有教学和医疗诊断，这些任务混合了精神和肉体的活动，它们都需要隐性知识。

谷歌汽车重新划分了人和计算机的界线。同之前人们在编程方面的突破相比，这次的划分更具有戏剧性、更决绝。这告诉我们，我们对自动化局限性的认识一直都有些不实际。我们并没有自己想象的那样特别。虽然在人类心理学领域，隐性知识和显性知识的区别存在一定价值，但它并不适用于自动化领域。

未来世界

不过，这并不意味着当今的计算机已经具备了隐性知识，或者它们已经可以像人类一样思考，或者在不久的将来，计算机将无所不能。不管是过去、现在还是将来，计算机都无法做到这一点。人工智能无法和人类的智慧比肩。人是一种思维生物，而计算机没有思维。但是，在执行某些高要求的任务时，人类需要诉诸脑力或体力劳动，计算机则可以通过其他方式达到相同的效果。当无人驾驶汽车在车流中左转弯时，它并不需要凭借直觉或技巧，只需要按照程序操作即可。虽然人和计算机采用的策略不同，但是实际结果是一样的。计算机凭借超越人的处理速度，按照指令运行，计算概率并收发数据，也就是说，计算机通过显性知识就能执行许多复杂的任务，而我们则需要通过隐性知识来完成这些任务。在某些情况下，我们认为某些人类技能是隐性的，但计算机也能凭借自身的独特优势具备这些技能，甚至比人类做得更好。在这个由计算机控制汽车的世界里，我们不需要交通灯或是停车标志。借助连续、高速的数据交换，即便是在最繁忙的十字路口，车辆也能顺利通行——就像现在计算机管理互联网上难以计数的数据包，使它们顺利地通过网上大大小小的通信通道一样。现如今，原来我们想都不敢想的事，靠微芯片上的电路全都成为可能。

我们自认为某些认知技能是人类所独有的，其实并非如此。一旦计算机的运转速度足够快，它们就能复制人类的技能，就可以像人类一样识别图像，进行判断决策，吸取经验教训。1997 年，IBM[①]的国际象棋超级电脑"深蓝"就给我们上了第一课。"深蓝"可以在 5 秒钟内评估 10 亿种可能的走法，最终打败了国际象棋世界冠军加里·卡斯帕罗夫（Garry Kasparov）。而现在，谷歌智能汽车问世了，它每秒钟可以处理 100 万个环境读数，这又给我们上了一课。我们创造的许多智能产品其实并不需要大脑。受过高度训练的专业人员拥有的知识技能，也像驾驶员的左转弯技术一样，逃不出自动化的手掌。证据随处可见。现在，许多创造性的、分析性的工作中都有软件的身影。医生使用计算机诊断疾病；建筑师借助计算机设计建筑；律师通过计算机评估证据；音乐家用计算机模拟乐器，优化曲调；教师借助计算机辅导学生，批改试卷。计算机并没有完全取代这些职业，而是替代人类完成部分任务。并且，计算机正在改变这些职业的工作方式。

实际上，并不是只有我们的职业正在遭遇计算机化，我们的业余爱好也是如此。随着智能手机、平板电脑以及其他小巧便携甚至可穿戴的计算机设备的普及，现如今，我们经常需要依靠软件来处理日常琐事，消磨时间。我们安装应用程序来帮助我们购物、做饭、锻炼甚至寻找配偶和养育子女。我们依照GPS的指示，从一个地方到另一个地方。我们通过社交网络维系友情，抒发情感。我们从推荐引擎上获取建议，决定看什

---

① IBM，国际商业机器公司。——编者注

么、读什么、听什么。我们向谷歌或苹果的Siri①求助，解答问题，解决困难。计算机正在成为万能的工具，我们借助它在世界中开展活动，理解物理世界和社会世界。想一想，当人们找不到他们的智能手机或是无法上网时，将是怎样一番情景。没有了数码产品作为辅助，人们会感到很无助。就像杜克大学的文学教授凯瑟琳·海尔斯在其2012年出版的书《我们如何思考》（*How We Think*）中写的那样，"当电脑出了故障或是网络连接无效时，我感到迷茫，失去了方向，我不能工作——事实上，我觉得我的双手好像被截掉了一样"。

有时，我们对计算机的依赖令自己感到不安，但总的来说，我们对计算机还是抱着欢迎的态度。我们渴望庆祝、炫耀新发明的高科技产品和应用——不只是因为它们特别有用或是特别时髦。计算机自动化具有一股魔力。用iPhone（苹果手机）就能识别出酒吧音响设备里播放的歌曲，这是前几辈人无法想象的。看着一组颜色鲜艳的机器人毫不费力地组装太阳能板或喷气发动机，就像在欣赏优美的重金属芭蕾舞剧，每一个动作都精细到了毫米和微秒。据那些坐过谷歌无人驾驶汽车的人说，那种刺激感异乎寻常；地球生物的大脑处理起这种经历来很是困难。现如今，我们好像确实进入了一个美好新世界，在这个未来国度里，计算机和自动化将为我们服务，减轻我们的负担，满足我们的愿望，陪伴我们。硅谷的魔法师们向我们保证，很快我们会拥有机器人女仆和机器人司机。各式各样的东

---

① Siri是苹果公司在其智能设备上应用的一项语音控制功能。——编者注

西将通过 3D 打印机打印出来，用遥控飞机直接送到我们家门口。《摩登家族》（*The Jetsons*）里的世界，或者至少是《霹雳游侠》（*Knight Rider*）里的世界正在冲我们招手。

这一切让人敬畏不已，也让人颇为担心。相对于谷歌那造型独特、令人惊诧的无人驾驶的普锐斯来说，自动换挡简直是小巫见大巫，但是自动换挡技术是谷歌汽车诞生的前提，是全自动化驾驶这条漫漫长路上的一小步，我无法忘记变速杆从手中消失时的失望心情——或者负责任地说，我央求着淘汰变速杆以后的沮丧心情。如果说，自动换挡的便捷性就能给我带来缺失感，造成抽离感，那么就像一位劳动经济学家说的那样，坐在无人驾驶汽车里的乘客会是什么感受呢？

充实工作的意义

自动化的问题就在于，我们经常需要付出努力，但得到的结果却并不是我们想要的。要找到导致这个问题的原因，明白为什么我们急于接受自动化这笔交易，我们就需要先了解某种认知偏见——这是我们的思维漏洞，会歪曲我们的认知。在评估劳动和休闲的价值时，我们的大脑就会产生这种认知偏见。

心理学教授米哈里·契克森米哈，在 1990 年出版了畅销书《生命的心流》（*Flow*）[①]，他描述了一种被称为"工作悖论"的现象。在 20 世纪 80 年代，米哈里同芝加哥大学的同事朱迪

---

① 《生命的心流》一书已由中信出版社于 2009 年 1 月出版。——编者注

斯·勒菲弗进行了一次研究，第一次观察到了这种现象。他们从分布在芝加哥的 5 家公司招募了 100 名工人，其中包括蓝领工人和白领工人，既有技术类工人也有非技术类工人。他们给每名参与研究的工人发了一张电子纸（在当时，手机还是奢侈品），他们在电子纸里编写了程序，在每天的工作中，电子纸会随机响 7 次。每响一次，工人们就需要填写一份小问卷。在问卷中，他们需要描述正在进行的工作、面临的挑战、采用的技术以及他们的心理状态（按照动力、满意度、参与度、创造性等分类标明）。米哈里·契克森米哈将这种调查称为经验取样，其目的在于了解人们是如何度过工作和下班后的时间的，以及活动会对他们的"经验质量"造成怎样的影响。

结果令人惊讶。相比休闲时段，在工作期间人们更高兴，他们因自己的工作而感到充实。在自由的时间里，他们更容易产生无聊和焦虑感。然而，他们并不喜欢工作。工作的时候，工人们表现出强烈的想下班的欲望，当他们下班以后，最让他们讨厌的就是回去工作。契克森米哈和勒菲弗写道："确实存在这种矛盾，在工作的时候，人们有更多积极的情绪，但是并不能因此就说他们工作时更有做事的欲望。"这一研究表明，我们无法预测哪些活动会使我们感到满足，哪些活动会让我们心生不满。即使在做某些事情的过程中，我们也不能准确地判断这件事将对我们的精神产生怎样的影响。

上述这些都是较为普遍的症状，属于一种常见的心理疾病，心理学家为其冠以了一个诗意的名字"错误需求"。我们容易对本不喜欢的事物产生欲望，容易对我们并不需要的东西产生好感。认知心理学家丹尼尔·吉尔伯特及提摩西·威尔逊经观察后发现："当人们期待的事情并没有给他们带来快乐，反而那些不希望发生的事情使他们感到快乐时，人们很容易就会认为，他们其实对原本不希望发生的事情充满了渴望。"并且，大量研究结果表明，我们一直非常渴望那些不希望发生的事情，这让人感到沮丧。我们还可以从社会视角来解释人们对工作和休闲做出错误判断的原因。正如契克森米哈和勒菲弗在研究中发现的那样，大多数人都有过类似经历：人们会被社会的传统观念而不是他们自己的真实感受引导，在这个问题上，根深蒂固的社会观点是：相比于工作，人们更想休闲。研究人员总结道："忽略事情的真实情况很可能会对人类的个体健康和社会的总体健康造成不良影响。"当人们按照这种歪曲的理解行事时，他们"更多地是去做那些缺乏积极体验的活动，而躲避那些会给他们带来大量积极的、强烈的体验的活动"。这不是美好生活的秘诀。

　　并不是说同休闲活动相比，为了获得报酬而从事的工作在本质上更高尚。远非如此。许多工作都是无聊的、卑微的，而许多爱好和娱乐都能给人带来刺激感和满足感。但是，工作可以帮助我们规划时间，若是让我们自己计划，这段时间很可能就会被浪费掉。工作迫使我们参与一些活动，而这些活动通常会给人们带来最大的满足感。当我们沉浸在困难的任务中时，我们是最快乐的。这个任务有明确的目标，会刺激我们去运用并发挥自身的才智。用契克森米哈的话来说，当专注于自己的工作时，我们撇开了分散注意力的因素，摆脱了每天都来烦扰我们的焦虑和担忧情绪。我们的注意力通常没有固定的焦点，而现在全都聚焦在我们正在做的事情上。契克森米哈解释说："不可避免地，你的每一个行为、动作和想法都具有连续性，你全身心投入其中，你正在最大限度地利用你的技能。"从加入合唱队到参加越野摩托车比赛，所有的努力都会带来这种深度专注。我们不一定必须通过赚取工资来享受"心流"。

　　但是在工作以外的时间里，我们的行为准则会弱化，我们的思维会游移。我们可能很想结束一天的工作，这样就可以去消费，去找乐子，但大多数人挥霍了这些休闲时光。我们逃避繁重的工作，却很少能培养富有挑战性的爱好。相反，我们看电视、逛街、上Facebook（脸谱网）。我们变得懒惰。最后，我们感到无聊、焦躁。摆脱了外在的关注点，我们的注意力向内集中，我们最终把自己锁在艾默生所说的"自我意识"的监狱里。契克森米哈说："即使是卑微的工作，也比自由的时间容易过。"因为工作拥有"内在"的目标和挑战，会鼓励我们"投入工作，集中精力，沉浸其中"。不过，我们狡猾的大脑并不想让我们相信这一点。如果有机会，我们还是渴望摆脱繁重的工作，让自己无所事事。

被高估了的自动化

　　我们醉心于自动化，这奇怪吗？自动化可以减少工作量，使我们的生活变得更轻松、更舒适、更方便，计算机和其他省力技术迎合了我们的需求，但也让我们错误地认为，我们能从辛苦的工作中解放出来。在工作场所，自动化注重提升速度和效率，而不是人们的幸福感——这是由利益的驱动性所决定的。自动化有效降低了工作的复杂性及挑战性，使人们摆脱了工作的困扰。自动化会将人类的职责缩小到一定的范围内，致使大部分的工作内容变成盯着电脑屏幕，或将数据输入到指定位置。即使是对受过专业训练的分析师或其他脑力劳动者来说，他们的工作也遭到了决策支持系统的围攻，这个系统将决策变成了数据处理程序。我们在日常生活中使用的应用程序和其他程序也具有类似的功能。它们承担了那些困难的、费时的任务，或是降低了任务的复杂程度，有了这些软件，我们不再需要技能，但也无法通过付出努力而获得成就感和满足感。通常情况下，自动化剥夺了我们的权利，使我们无法从事那些给我们带来自由感的事情。

这并不是说自动化不好。自动化和它的前身机械化已经经历了几个世纪的发展，并且总的来说，我们周围的环境确实得到了很大的改善。随着自动化技术的应用越来越广，我们从辛苦的工作中解放出来，它鼓励我们去从事更有挑战性的、更让人有满足感的事情。但问题在于，我们无法对自动化进行理性思考，不能正确理解自动化的影响。我们不知道何时说"够了"，甚至不知道什么时候叫停。现在，无论是从经济层面还是人类情感的角度来看，自动化已经使驾驶室拥挤不堪了。人们很容易发现并量化将工作从人转给机器和电脑所带来的好处。商人计算资本投资金额，以硬通货来衡量自动化带来的利益：降低劳动力成本，提高生产力，加快产出和周转，提高利润。我们可以举出实际生活中计算机帮我们节省时间、避免麻烦的种种方式。并且，正是因为我们错误地认为休闲优于工作，希望享受轻松而不愿付出努力，我们才过高地估计了自动化的好处。

我们很难确定自动化的成本。我们知道计算机淘汰了一些工种，造成了失业。但历史表明（并且大多数的经济学家也预测），就业率的下降只是暂时的，从长远来看，提高生产力的技术会带来新的职位，提高人们的生活水平。个人成本变得更模糊了。你如何计算因工作积极性和参与度下降而造成的损失？又如何衡量能动性降低、自主权削弱、技能退化给你带来的影响？你不能。这都是些模糊的、无形的东西，我们只有失去以后才能体会到它们的价值，即使这样，我们还是很难用具体的词汇来描述这些损失。然而，成本是真实存在的。我们做出选择，决定将哪些任务交给计算机去做，哪些留给自己，并不只是出于实际或经济方面的考量。这是道德的选择。这些选择决定了我们将过上什么样的生活，也决定了我们在这个世界将享有什么样的地位。自动化把一个最重要的问题摆在了我们面前：什么是人类？

契克森米哈和勒菲弗在对人类日常生活进行的研究中还有其他发现。根据受试者的反馈，在所有的休闲活动中，流动感最强的活动是驾驶。

The Glass Cage

How Our Computers Are Changing Us

第二章

自动化大时代

The Glass Cage

How Our Computers
Are Changing Us

20 世纪 50 年代初，英国讽刺杂志《笨拙》（*Punch*）有一名备受尊敬的政治漫画家——莱斯利·伊林沃思，他画了一幅色调暗淡且颇具预见性的素描画。这幅画的背景是一个秋日的黄昏，狂风暴雨，一名工人在工厂大门里盯着外面，神情焦虑。他一只手抓着一个小工具，另一只手攥成了拳头。他的目光越过泥泞的厂院，落在了工厂的大门上。在那里，隐约站着一个拥有宽肩膀的巨大的机器人，旁边立着"招工"的牌子。机器人的胸前印着几个字：自动化。

　　这幅画象征着那个时代，反映了当时西方社会蔓延的焦虑情绪。1956 年，这幅画作为卷首插画出现在《自动化：朋友还是敌人》（*Automation: Friend or Foe?*）一书里，这本书不厚但是很有影响力，书的作者是剑桥大学的工程学教授罗伯特·休·麦克米伦（Robert Hugh Macmillan）。在书的第一页，麦克米伦就提出了一个让人不安的问题："我们会被自己的发明毁掉吗？"他解释说，他指的并不是那场众所周知的"无法控制的'按钮'战争"所带来的危害，而是一个很少被提及但潜藏着危险的问题："在和平年代文明国家的工业生命中，自动化设备的角色正变得日益重要。"就像早些时候那些"替代了体力劳动"的机器一样，新的自动化设备很可能会"替代人类的大脑"。它们已经从人们手里接过了许多高收入的工作，很可能还会造成更大范围的失业，导致社会冲突和动荡——就像一个世纪以前卡尔·马克思预言的那样。

但是，麦克米伦还表示，这一切并不是必然发生的。如果"使用正确"，自动化能带来经济稳定，扩大繁荣并帮助人类摆脱繁重的劳作。麦克米伦警告说："我希望这项技术的新分支最终能帮助我们卸下压在人类肩上的亚当的诅咒，因为机器会成为人类的奴隶而不是人类的主人，现在我们已经设计了一些实用技术，用于自动控制机器。"无论最终自动化技术是福是祸，有一件事是确定的：在工业领域和社会层面，自动化将变得越来越重要。如果同人类劳动力相比，机器人的工作速度更快、成本更低、效果更好，那么机器人就会得到这份工作。这符合现今这个高度竞争世界的经济诉求，具有必然性。

无法阻止的机械化大潮

技术历史学家乔治·戴森曾经说过："我们同机器亲如手足。"但是，如何处理这种"同胞"关系一直困扰着人们。我们爱我们发明的机器，不仅因为机器的用途广泛，还因为我们认为它们友善而美丽。一台设计精妙的机器可以实现人类内心深处的渴望：我们想要理解世界和世界的运转方式，我们想借助自然的力量达到自己的目的，我们想在宇宙中增添些带有人类特点的新事物，我们想让人叹服。一台设计精巧的机器可以帮助我们实现这些美好的想法，让我们引以为傲。

然而，机器也有丑陋的一面。并且，我们发现，机器会给我们所珍视的事物带来威胁。机器可以传递人类的力量，但这些力量通常被拥有这些设备的工厂主和金融家而不是操作机器的工人利用。机器是冰冷的、没有思维的，它们遵照编写好的程序运行，这样下去，社会可能变得越来越黑暗。如果说机器给宇宙增添了人类的色彩，那么反过来，它们也为人类社会来带了一些不寻常的东西。数学家兼哲学家伯特兰·罗素在1924年的随笔中明确写道："我们崇拜机器，认为机器美丽而有价值，因为它们是力量的象征；我们憎恨机器，因为它们可怕，我们厌恶机器，因为它们奴役我们。"

同罗素的观点一样，麦克米伦对自动化机器的认识也体现出一种紧张的关系——机器要么毁了我们，要么拯救我们；要么解放我们，要么奴役我们，而这种关系由来已久。在两个多世纪以前，工业革命伊始，人们对工厂机器的反响各异，那时候就蔓延着这种紧张关系。有的人庆祝机械化生产的到来，将其看作进步的标志与繁荣的保障，但还有许多人对此颇感担忧，他们担心机器会偷走他们的工作甚至他们的灵魂。从那时起，自动化技术开始快速发展，有时快得让我们无所适从。感谢发明家及企业家的创新与智谋，在不到 10 年的时间里，并没有更精巧的、更有能力的新机器问世。但是，对于这种靠人类的双手和大脑创造的惊人事物，我们却一直怀有矛盾的情绪。看着机器的时候，我们好像是在看着自己，我们并不是完全地信任它。

1776 年出版了一本著作《国富论》，这本书为自由企业奠定了理论基础，该书作者亚当·斯密对制造商正在安装的各式各样的"漂亮机器"表示赞叹，认为这些机器会"推动生产并降低劳动强度"。亚当·斯密预测，机器"可以让一个人完成多个人的任务"，由此极大地提高工业生产力。工厂主会赚得更多的利润，随后他们又将这些利润用于扩大业务——建更多的工厂，购置更多的机器，雇用更多的工人。虽然单个机器会降低劳动力需求，但事实上，从长远角度来看，机器的使用反而会刺激对劳动力的需求增长，这对工人来说不一定是件坏事。

其他思想家也赞同亚当·斯密的观点，并不断提出自己的见解。他们预测，正是得益于这些节约劳动力的设备，生产力得到了提高，工作机会随之增加，工资上涨，物价下跌。工人的口袋里会有多余的钱，他们用这些钱去雇用他们的制造商那里买东西。这又会给工业发展提供更多资金。如此，机械化开启了一个良性循环，加速了社会经济增长，扩大并散播财富，给人们带来亚当·斯密所说的"便捷和享受"。将技术视为经济的万灵药的观点要追溯到工业化早期，后来这一观点发展成了经济理论的一部分。这一观点不仅对早期资本家及他们的学术同人颇具吸引力，许多社会改革者也对机械化鼓掌欢迎，他们认为机械化是将城市大众从贫困和苦役中解救出来的最有效途径。

经济学家、资本家及改革者能够从长远的角度进行考量，但工人无法做到这一点。即便劳动力需求的下降只是暂时的，这也会直接威胁到他们的生活。工厂里的新机器造成大量工人失业，迫使部分人放弃了原来熟练、有趣的工作，转而去从事那些靠推拉杠杆和踩脚踏板就能完成的单调劳作。在18世纪及19世纪初的英国大部分地区，熟练工人毁坏机器，以此来捍卫他们的工作、谋生的手段和生存的家园。这些运动后来被称为"毁坏机器"运动，但这项运动并不是要反对技术进步，而是工人们联合起来保护他们的生活，保证经济自主权和公民自治权，因为他们的生活同他们掌握的技术紧密相连。结合当代工人运动的相关记录，历史学家马尔科姆·托米斯写道："如果工人不喜欢某种机器，那么原因在于这种机器的用途，而并不是因为'机器'的属性，也不是因为它是新事物。"

1811~1816年，愤怒的情绪遍布英格兰中部的各个工业郡县，在卢德运动期间，捣毁机器的运动达到了高潮。纺织工人们担心当地的小规模家庭作坊会受到机器工业化的影响，他们组建了游击队，想要阻止纺织厂或工厂安装机械化的纺织机和织袜机。据传，"卢德派"这个臭名昭著的名字取自莱斯特郡的一名机器破坏者，其名为奈德·卢德莱姆。卢德分子经常对工厂发动夜袭，破坏新设备。数以千计的英国军人被召集起来，同叛乱者斗争，士兵通过暴力平息了暴乱，杀了许多人，也监禁了许多人。

尽管卢德分子和其他机器破坏者在阻碍机械化的进程中取得了零星的胜利，但他们无法阻止机械化的大潮。很快，机器在工厂里越来越常见，成了工业生产和工业竞争中不可缺少的一部分，任何对机器的抵制都是徒劳。虽然工人对机器仍有抵触情绪，但他们只能默默地顺应这个新的技术时代。

机器革命

卢德运动结束几十年后，对于社会各界对机械化的巨大分歧，马克思给出了最有力也最具影响力的解释。他在文章中经常表示，工厂的机器设备是邪恶的，是寄生虫，他把机器描述成"统治并榨干人类劳动力"的"死劳动"。而工人则成了那些"无生命机器"的"有生命的附属物"。在 1856 年的一次演讲中，马克思表示未来并不光明，他说："所有的发明和进步都将赋予物质力量以智慧生命，而人类生活却被愚化成了物质力量。"除了机器的"邪恶影响"，马克思还发表了其他观点。学者尼克·戴尔−维斯福特（Nick Dyer-Witheford）解释说，马克思也表示"机器能解放人类"，并对此表示了肯定。马克思在同一篇演讲中提到，现代机器拥有"神奇的力量，能降低劳动强度，提高劳动力产出"。机器将工人从职业狭窄的专属范围内解放出来，使工人有机会发挥全部潜能，成为"完全发展"的个体，能参与"不同活动"，进而实现"不同的社会功能"。不从资本家的角度考虑，如果工人能利用好机器，那么技术就不再是压迫工人的枷锁。机器就像滑轮组里面的上升滑轮，将帮助人类完成自我实现。

随着 20 世纪的到来，机器在西方文化中越来越多地扮演着解放者的形象。在发表于 1897 年的一篇赞扬美国工业机械化的文章中，法国经济学家埃米尔·勒瓦瑟（Émile Levasseur）列举了新技术给"劳动阶层"带来的好处。新技术提高了工人的工资，减少了购买商品的开销，创造了极大的舒适。新技术还促使人们对工厂进行了改造，工作环境变得更干净、明亮，同工业革命早期那种典型的、黑暗的、地狱般的工厂相比，现在的工作环境舒适多了。最重要的是，新技术改变了工人的工作方式。"工人不再承担繁重的工作任务，而是将需要大量体力的工作转交给机器来完成；工人成了监管者，靠智慧工作，而不是肌肉。"勒瓦瑟承认，工人仍然对操控机器怨声载道，"在操控的过程中需要时刻关注机器的动向，这让工人们备感疲惫"，工人也谴责机器"将人转变为机器，使人退化，工人成了只需要反复重复同一个动作的机器"。但是，勒瓦瑟认为，这些抱怨都是狭隘的。工人们只是没发现机器给他们带来的众多好处。

艺术家和学者认为，从本质上来说，脑力劳动要优于体力劳动，他们认为技术乌托邦正在形成。在卢德运动期间，奥斯卡·王尔德发表了一篇随笔，虽然面向的对象不同，但他同样预见到，总有一天，机器不只是能减轻人类的劳动负荷，而是能帮助人们彻底摆脱那些辛苦的工作。他写道："所有非智力劳动，所有单一的、乏味的劳动，所有令人作呕的劳动，所有工作环境恶劣的劳动，都将由机器来完成。未来世界将建立在机器奴役制的基础上，人类将奴役机器。"王尔德认为，在机器奴隶的帮助下，未来的世界必然是这样一番景象："毫无疑问，未来人们将奴役机器，就像大树在不停生长而乡绅却可以酣然入睡。人类将享受闲暇，提高自身修养，这才是人类生存的目的——绝非劳动，而是创造美好的东西，阅读优美的篇章，或仅仅怀着敬畏和愉悦的心情认识世界，而机器会去完成所有那些必要但无趣的工作。"

20 世纪 30 年代的大萧条抑制了这种高涨的热情。经济的崩溃让人们对 20 世纪兴旺的"机器时代"产生了强烈的抗议。工会、宗教组织、富有改革精神的社论家以及绝望的市民，全都开始抱怨那些抢走工作的机器和拥有机器的贪婪商人。畅销书《人类和机器》（*Men and Machines*）的作者写道："机器并不是造成失业的原因，但它激化了愤怒的情绪，使之演变为人类的一大困扰，从现在开始，生产力越强，情况就变得越糟糕。"加利福尼亚州帕洛阿尔托市市长给总统赫伯特·胡佛写了一封信，在信中他恳求总统采取措施抵御工业技术的"科学怪人"，他表示这是灾祸的源头，"正在吞噬我们的文明"。有时候，政府也会煽动大众的恐慌。联邦机构发布了一份报告，将工厂的机器描述成"像野生动物一样危险"。报告的作者写道，技术发展越来越快，超出了人类的控制，而社会跟不上技术发展的步伐，对其带来的后果猝不及防。

然而，大萧条并没有使王尔德的机器天堂梦想化为乌有。在某些方面，大萧条让人们发现，那个乌托邦式的发展愿景更加生动，更加必要。我们越是把机器看作我们的敌人，也就越渴望将它们变成我们的朋友。伟大的英国经济学家约翰·梅纳德·凯恩斯在 1930 年写道："我们正在被一种新型的社会疾病折磨，有些读者可能还没有听过它的名字，但在未来几年，这种疾病被提及的次数会越来越多——它就是'技术性失业'。"机器接管了我们的工作，虽然社会经济也在创造有价值的新工作，但其速度远远比不上机器。但是凯恩斯向读者保证，这种技术性失业仅仅是一种"临时失调"现象，发展和繁荣将会回归，人均收入会上涨，得益于机器劳工的创造力和高效率，很快我们将不必再为工作担忧。凯恩斯认为，很可能 100 年后（也就是到 2030 年），技术的进步会将人类从"为物质奔波"中完全解放出来，并帮助我们最终到达"经济的极乐世界"。机器将承担更多的工作，但这不会再让我们感到担忧或绝望。到那时，人类会实现物质财富的平均分配。而我们面临的唯一问题是如何有效地利用我们无尽的休闲时光——我们要学会如何"享受"，而不再是如何"争夺"。

我们仍在奋斗，并且可以十分肯定地说，到 2030 年，"经济的极乐世界"还不会到来。但是，如果凯恩斯在 1930 年那些灰暗的日子里提出的想法能实现，那么他对经济的预想基本上是正确的。大萧条确实是暂时的。增长回归，就业增加，收入上涨，公司继续购入更多更好的机器。虽然还存在缺陷和弱点，但经济恢复了均衡，亚当·斯密所提出的良性循环又开始了。

1962 年，美国总统约翰·F·肯尼迪在西弗吉尼亚的演讲中宣告："我们相信，如果人类有能力发明新的机器，将人类从工作中解放出来，我们就有能力将这些人再带回到工作中去。"从句首的"我们相信"开始，整句话都凸显了典型的肯尼迪风格。简单的词语重复出现，引起人们的共鸣：人、能力、人、工作、能力、人、工作。句子的节奏像鼓点一样，步步推进，最后得出一个振奋人心的结论——"回到工作中去"，带着必然性。对听众来说，肯尼迪的话像是故事的结局。但其实不然，这是一章的结束，也是新一章的开篇。

当机器人取代你的位置

对技术性失业的担忧又有所加剧，特别是在美国。在 20 世纪 90 年代初的经济萧条时期，许多美国大公司，例如通用汽车、IBM 以及波音公司，在大"重组"的过程中辞退了上万名工人，这激起了人们的恐慌感。人们担心新技术，特别是廉价的电脑和智能软件会将中产阶层赶出职场。1994 年，社会学家斯坦利·阿罗诺维茨和威廉·迪法兹奥出版了《没有工作的未来》（*The Jobless Future*）一书，暗示"替代劳动力的技术变革"将"创造低工资的、暂时的、没有福利的蓝领或白领工作，体面的、长久的、在工厂或办公室内的工作会越来越少"。而后几年，杰米里·里夫金出版了《工作的终结》(*The End of Work*)，这本书的内容让人感到不安。里夫金宣布，计算机自动化的发展带来了"第三次工业革命"①。"在未来几年内，更复杂的新软件技术会把人类文明推向一个几乎没有工人存在的世界。"他在书中指出，社会已经到达了转折点。计算机可能会"造成大量失业并导致全球性萧条"，但是，如果我们愿意改变当代资本主义的信条，计算机也可以"解放人类，让我们的生活更闲适"。这两本书同其他类似的书一起在社会上掀起了轰动，但和之前的情况一样，人们对技术性失业的恐惧很快就消失了。20世纪90年代中后期，经济复苏加速，并借着网络的急速繁荣达到了顶峰，这转移了人们对可怕的大失业预言的注意力。

10年以后，伴随着2008年的金融危机，人们的焦虑感又回来了，这次比以往更强烈。2009年年中，美国经济从经济崩溃中逐渐恢复，重新踏上发展的道路。企业的利润开始反弹，商人的资本投资恢复到了危机前的水平，股票市场回升，但是就业情况并没有好转。公司在完全恢复以后再招募新员工是很普遍的情况，但这次的雇佣时间差好像遥遥无期。就业增幅缓慢，失业率居高不下。为了探寻原因并找到罪魁祸首，人们又将目光投向了"惯犯"——劳动力节约技术。

---

① "第三次工业革命"是杰里米·里夫金的另一本著作《第三次工业革命》中的概念，该书中文版已由中信出版社于2012年5月出版。——编者注

　　2011 年年末，两位受人尊敬的麻省理工学院研究员埃里克·布莱恩约弗森和安德鲁·麦卡菲出版了一本电子书《与机器竞赛》（*Race Against the Machine*），这本书的篇幅并不长，他们在书中对经济学家和政策制定者表达了些许不满。他们认为，经济学家和政策制定者没有注意到，技术可能会极大地削弱公司对新员工的需求。他们指出，虽然"历史已经证明"机器在近几个世纪以来推动了就业的发展，但同时也"掩盖了一个丑陋的秘密"。"没有一部经济法指明，所有人或大多数人可以从技术发展中自动获益。"虽然布莱恩约弗森和麦卡菲并没有技术恐惧症——他们乐观地认为，从长远来看，计算机和机器人会提高生产力并改善人们生活——但他们确实举出了一个有力证据，证明技术性失业是确实存在的，并且波及范围很广，且未来可能会变得更糟。他们警告说，人们正在输掉这场同机器的竞赛。

　　他们的电子书就像是扔到干草地里的一根火柴，在经济学界掀起了一场激烈的、尖锐的争论，这场争论很快就引起了记者的关注。在大萧条之后就已经淡出人们视野的"技术性失业"一词，又一次吸引了公众的注意。2013 年年初，电视新闻节目《60 分钟》单独划出一个时段，将其命名为"机器的行进"，调查了仓库、医院、律师事务所及制造工厂如何应用新技术来完成工作。记者史蒂夫·克罗夫特感叹道："庞大的高科技产业为美国经济贡献了巨大的生产力和财富，但奇怪的是并没有给就业带来什么好处。"节目播出后不久，多名美联社作者组成研究小组，就居高不下的失业率问题展开调查，并公布了一份第三方调查报告。他们得出了一个可怕的结论："技术正在消灭工作。"科幻小说家一直在警告我们，"未来，我们将被机器取代，机器将成为人类退化的罪魁祸首"。美联社记者宣告"那个未来已经到来"。他们引用了一位分析师的预测，到 21 世纪末，失业率将高达 75%。

人们很快不再理会这种预测。自 18 世纪以来，这种警告就时常回荡在人们的耳边。在每一个经济低迷时期，都会出现一个吞噬工作的"科学怪人"。然后，当经济走出低谷期，开始复苏，就业随之增加，怪物就又回到他的笼子里，人们的担忧也就消散了。然而，这次经济没有像以往那样回升。越来越多的证据表明，我们可能遇到了一个新的麻烦。一些杰出的经济学家也加入布莱恩约弗森和麦卡菲的队伍，开始质疑他们一直坚信的经济学假设：技术推动生产力提高，促进就业，增加收入。他们指出，在过去的 10 年，美国生产力快速增长，其速度是近 30 年之最，公司利润达到了半个世纪以来的最高点，对新设备的商业投资急剧增加。这些发展综合起来应该带来就业的强劲增长。但是，美国的经济总量并没有什么变化。诺贝尔奖获得者、经济学家迈克尔·斯宾塞表示，经济增长和就业"在发达国家是背道而驰的"。斯宾塞还提到，技术是造成以下三种现象的主要原因："机器替代了常规的人工劳动；在制造业和物流系统，机器人的使用态势越发明显，且这一态势将持续下去并不断加快；同时，在信息处理方面，计算机网络正替代白领来完成常规工作。"

近几年来，对机器人和自动化技术的大量投入可以反映目前的经济状况，政客和中央银行一直推行刺激经济增长的策略。低利率以及政府对资本投资采取的积极税收激励政策，很可能会影响企业的决策，鼓励企业购买劳动力节约设备和软件，如果没有这两点影响，公司可能会将这部分投资用于别处。但是，很可能还存在一个更深层的原因，而且影响更久。普林斯顿大学的经济学家艾伦·克鲁格在 2011~2013 年间曾任巴拉克·奥巴马的经济顾问委员会主席，他指出，即使是在经济萧条之前，"美国经济也无法提供足够的就业机会，特别是中产阶层职位，制造业所能提供的工作总量正在快速下降，我们对此要保持警惕"。从那以后，情况变得越发暗淡。人们可能会想，工作并没有消失，只不过是转移到那些工资收入较低的国家去了，至少制造业是这样。然而，事实并非如此。近几年，在全世界范围内，虽然总产量在大幅上涨，但制造业的生产总量一直在下降，即使是制造业强国——中国也未能幸免。虽然经济发展给制造业带来了新的工作，但机器取代工人的速度更快。因为工业机器人成本低、技术高超，新增就业和失业之间的差距必将拉大。虽然许多公司，例如通用电气和苹果，正在将生产制造工作迁回美国，但其实这种消息也是苦乐参半。工作回归的原因之一就在于，这些工作岗位大部分都可以借助机器完成，不再需要工人了。经济学教授泰勒·考恩表示："近来，工厂几乎都没有工人了，因为由软件控制的机器可以完成大部分的工作。"如果没有雇用工人，公司也就没有必要担心劳动力的成本问题了。

产业经济，也可以说是机器经济，是最近出现的新现象。这种经济模式才诞生仅仅两个半世纪，只能算作历史长河中短暂的一秒。仅靠有限的经验就对技术和就业之间的联系得出明确的结论是很草率的。利用资本主义基本原理，并结合科学技术发展的历史，我们也许能弄清楚为什么生产最终不再需要劳动力。机器同工人不同，它不会向资本家索要投资回报。机器人不会生病，不会要求带薪假期，也不会要求每年涨薪。对资本家来说，技术的发展解决了劳动力的成本问题。在未来，人们对技术终将吞噬就业的担忧会变成现实，这并不是胡乱的猜想，著名的经济史学家罗伯特·史纪德斯基表示："终归有那么一天，我们会没有工作可做。"

这个"未来"有多远？我们不知道，史纪德斯基警告说，对某些国家来说，"这个未来可能很快就会到来，近得让人感到不安"。在短期内，现代技术的影响更多的是体现在工作分工上，而不是总体的就业数据上。在工业革命时期，人工劳力的机械化毁掉了一些好工作，但也带来了许多新的中产阶层职位。随着公司的不断壮大，市场规模会变大，覆盖范围会更广，公司需要雇用大量的管理人员、财务人员、设计师和营销人员。而教师、医生、律师、图书馆管理员、飞行员以及其他职业的需求也在上涨。劳动市场的构成从来都不是静止不变的，它随着技术及社会的发展趋势而变化。但是没人能保证这种变化始终对工人有利，或者总是扩大中产阶层队伍。现在，计算机可以通过软件程序完成原本属于白领的工作，许多职业因此由高收入工作转为低收入工作，或是从全职变成了兼职。

近来的经济萧条期间消失的工作大多属于高薪行业，而新增的工作中，有近 3/4 属于低收入行业。麻省理工学院的经济学家戴维·奥托对 2000 年以来美国"就业增长的异常乏力"进行了研究，得出结论：信息技术"已经改变了职业分布"，这造成了收入和财富差距的扩大，"食品服务业和金融业都有大量的工作，但是中等收入的工作却很少"。如果计算机新技术将利润更多地集中到少数人手里，那么，贫富差距的趋势将不断扩大，中产阶层的数量会变得越来越少，甚至某些高收入行业从业者也会渐渐面临失业问题。另一位诺贝尔经济学家保罗·克鲁格曼表示："智能机器可能会促进GDP（国内生产总值）增长，但也会降低对人的需求——包括聪明的人类。所以，我们可能会发现，社会财富在不断增加，但所有的财富增长都归机器人的主人所有。"

也并不是所有的消息都是坏消息。2013 年下半年，随着美国经济恢复增长动力，某些行业的就业率也有所回升，例如建筑业及医疗保健行业。令人振奋的是，某些高收入行业的就业率也在上升。虽然劳动力需求和经济周期的联系不似往日那么紧密，但两者之间还是存在一定的联动性。计算机和软件的普及也带来了一些非常有吸引力的新工作，并创造了大量创业机会。但是，从历史角度来看，计算机及相关领域的员工人数并不多。总的来说，私营部门创造了新的高收入工作，但其数量还不足以将传统工作淘汰下来的中产阶层工人全部消化吸收。我们不能全都成为软件程序员或是机器人技术工程师。我们不能全都逃到硅谷去，也不能全都靠设计开发精巧的智能手机应用谋生。[①]平均工资停滞，公司利润持续上涨，经济成果可能还是会流到少数的几个幸运儿手里。肯尼迪那振奋人心的话将变得越来越不可信。

为什么这次会不同？是什么改变了新技术和新工作之间的联系？要回答这个问题，我们必须回头看看莱斯利·伊林沃思那幅漫画里站在工厂门口的机器人——那个叫作自动化的机器人。

按键式控制

"自动化"是最近才进入语言系统的新词。据我们所知，它最早出现在 1946 年，福特汽车公司的工程师认为需要创造一个新术语，描述安装在公司流水线上的新机器。福特公司副

---

① 对于那些低成本的、通过个人行为来创造财富的人们，互联网为其提供了商机。他们可以通过 eBay（易贝）和 Etsy（一个网络商店平台）在线销售产品及手工艺品，可以在 Airbnb（空中食宿）上出租闲置房屋；也可以通过 Lyft（一款打车应用软件）将自己的私家车变成临时出租车。他们还可以在 TaskRabbit（一家类似提供"兼职"服务的网站）上找到各式零活。然而，这种模式虽然可以轻松赚些小钱，却少有人能通过这种方式成为中产阶层。大部分资金都流入了运营在线信息交换中心的软件公司手中，这些在线信息交换中心连接了买方与卖方、出租方与承租方，高度自动化，而其所需的运营员工却少之又少。

总裁在一次会议上说："给我多点儿那个自动的业务。""更多点——'自动化'。"福特的工厂早已因机械化而闻名，所有工作都可以在一条设计精密的机器流水线上完成。但是，工人们仍需要在机器间手动运送元件和配件。这样一来，工人就控制着生产的速度。1946 年，福特公司安装了一种新设备，改变了这一局面。机器接管了处理和传送原料的任务，整个装配过程实现了全面自动化。在当时，这种工作流程的变化对工人的影响还不大，但的确产生了一些影响。控制复杂工业流程的任务从工人手里转交给了机器。

"自动化"这个新词很快传播开来。两年后，在一份关于福特机械的报告中，《美国机械工》（*American Machinist*）杂志的专栏作者给出了自动化的定义："一种通过机械设备操控工件的艺术……同生产设备有时间上的先后顺序，这样就能通过在主要位置上设置按钮，控制整条或部分生产线。"随着自动化在越来越多的行业和生产过程中得到普及，并且开始承担相应的文化寓意，自动化的定义也得到了扩充。一名哈佛大学的商业教授在 1958 年抱怨道："近几年，几乎没有哪个词像'自动化'那样，为了不同的表述目的或是用来描述人们的恐惧，而不断遭到曲解。""它是技术回升的口号，是制造业的目标，是工程领域的挑战；它是广告标语，是工人运动的旗帜，也是技术进步的恶兆。"随后，这位教授给出了他对自动化的理解，非常具有实用意义的定义："自动化就是指同工厂、行业或工作场所中原有的事物相比，自动化程度更高的东西。"自动化不是一件东西或一种技术，而是一种力量。它更像是一种进步的标志，而不是一种操作模式。任何尝试解释或预测自动化影响的行为都只能算作初步探索。因为在所有技术潮流中，自动化既是新鲜事物，又有历史基础，在每个发展阶段都需要对自动化进行重新评估。

"二战"刚刚结束不久，福特的自动化设备就问世了，这并不是巧合。在战争期间，现代自动化技术就已经成型。1940年，纳粹开始对英国进行闪电轰炸，这时，一个非常急迫且艰巨的挑战摆在了英、美科学家的面前：如何用地面上笨重的高射炮发射重型导弹，击落高空中快速移动的炸弹？要准确瞄准高射炮需要人们进行心理计算，并对高射炮的位置进行物理调整——要瞄准飞机下一步可能移动到的位置，而不是当前的位置，要在飞机还处于射程内时，就完成射击，这对士兵来说太复杂了。这不是人类能做到的。科学家发现，首先要借助雷达系统传回的追踪数据以及对飞机飞行线路的统计预测，经过计算机计算，确定导弹的运行轨迹，然后将计算结果自动传送给高射炮的瞄准机制，自动开火。此外，需要根据之前发射成功或失败的数据，不断对高射炮进行调整。

对炮兵来说，他们的任务变成了学会使用新一代的自动化武器。不久，炮兵就会发现，他们坐在昏暗的卡车里，面对着屏幕，从雷达显示器上选择攻击目标。他们的身份也随着工作方式一起发生了转变。一位历史学家写道，他们不再是"士兵"，而是些"技术人员，负责读取并操控客观世界的抽象符号"。

　　同盟国的科学家研发了高射炮，从中我们可以发现自动化系统的所有要素。第一个要素是系统的核心，是一台计算速度非常快的机器——计算机。第二个要素是传感机制（在高射炮系统里是雷达），用于监控外部环境——真实的世界，并将必要的数据传送给电脑。第三个要素是通信线路，计算机通过通信线路控制物理设备的移动，物理设备可以借助人类协助或独立地完成具体工作。最后一个要素是反馈方式——将指令结果返回计算机，调整计算结果，修正错误，应对环境变化。感觉器官，进行计算的大脑，控制物理运动的信息流，以及用于学习的反馈回路：这些就是自动化和机器人的组成要素，也是人类神经系统的核心。这种相似性并不是偶然。为了取代人类，最初，自动系统必须模仿人类或者至少复制人类的部分能力。

　　自动化机器在"二战"之前就已经存在了。詹姆斯·瓦特的蒸汽机是工业革命最初的原动机，蒸汽机内置了精密的反馈装置——离心调速器，能控制机器的运转。当蒸汽机加速时，调速器转动一对金属球，产生离心力，拉动杠杆，松开蒸汽阀，避免蒸汽机转速过快。大约在 1800 年，法国人发明了提花织机，这种机器用钢制打孔卡控制不同颜色线轴的运动，可以自动织出复杂的图案。1866 年，英国工程师 J·麦克法兰·格雷为蒸汽轮船的转向装置申请了专利，这种装置能记录船舵的运动轨迹，并通过齿轮控制的反馈系统调整船舵的角度，保持轮船的既定路线。但是，高速计算机以及其他电子传感控制设备的发展，开启了机器史的新篇章，大大提高了实现自动化的可能性。数学家诺伯特·维纳曾帮助同盟军编写自动高射炮的预测算法，他在 1950 年出版了《人有人的用处》(*The Human Use of Human Beings*) 一书。在这本书中，维纳提出，20 世纪 40 年代的发展使投资者和工程师不用再"设计某个单独的自动机制"。根据自动化武器的研发经验，人们开发出新技术，并创建了"适用于大多数自动化机制的一般性构建原则"。这些技术为"自动化新时代的到来铺平了道路"。

除了对进步和生产力的追求，还有一股力量对自动化时代的到来起到了推动作用，它就是政治。战后几年，工人运动盛行。美国制造业的许多部门都经历了厂商同工会的斗争，而在联邦政府冷战时期建立的军备和武器等重要产业中，这种矛盾最为突出。怠工、罢工成了家常便饭。仅在 1950 年，匹兹堡的西屋公司就发生了 88 起罢工事件。在许多工厂里，在工厂运营的权利方面，工会代表的权力比公司经理还大——工人可以发号施令。军队和产业规划者将自动化视为恢复工厂管理者权利的途径。1946 年，《财富》杂志刊登了一篇封面故事，名为"没有人类的机器"(*Machines Without Men*)。这篇文章指出，电子控制的机器"完全高于人类机制"，并且机器"总能适应工作环境，从不要求高薪水"。亚瑟·D·里特公司（领先的管理和工程咨询公司）的主管写道，自动化的崛起预示着商业世界将"从工人手中解放出来"。

自动化降低了对劳动力的需求，特别是对技术工人的需求。此外，自动化设备还为企业主和管理者提供了相应的技术手段，他们可以借助机器的电子程序以及完整的流水线，控制生产速度和生产流程。当福特公司采用新的机动设备控制流水线的生产速度以后，工人们丧失了大量的自主权。到 20 世纪 50 年代中期，工会在制定工厂操作流程方面的权力被大大削弱了。这一变化告诉我们：在自动化系统里，权力集中在程序控制者手里。

维纳对接下来将发生的事情做出了清晰的预测。自动化技术的发展速度比任何人想象的都快。计算机变得越来越快、越来越小。电子通信及存储系统的速度和容量将会呈指数增长。传感器的灵敏度得到极大提高，能聆听、观察并感知这个世界。机器人所具备的功能就像"有双眼作为辅助的人类双手一样"，而生产这些新设备和系统的成本将直线下降。自动化应用的领域越来越多，经济成本也随之下降。当计算机借助编程技术具备了逻辑思维功能以后，自动化就超出了人类的工作范围，进入了思维领域——分析、判断及决策的领域。一台计算机化的机器并不需要通过操控物理部件（例如：枪）来运转。它可以通过操控信息来运行。维纳指出，"从这个阶段起，所有的事情都可以通过机器实现"，"计算机对体力劳动和脑力劳动并没有偏好"。很显然，维纳认为，自动化早晚会造成"失业现象"，这使得大萧条给人类带来的灾难"看起来不过是个不伤大雅的玩笑"。

《人有人的用处》同维纳早期的技术专著——《控制论，或动物和机器的控制与通信科学》（*Cybernetics, or the Control and Communication in the Animal and the Machine*)一样，都很畅销。作为一名数学家，维纳对技术轨迹进行了分析，这是20世纪50年代知识结构的一部分。在那10年间出现的关于自动化的书和文章，许多都是从维纳的研究中汲取灵感和信息的，其中就包括罗伯特·休·麦克米伦的小册子。年迈的伯特兰·罗素在1951年的随笔《人类是必需的吗？》(*Are Human Beings Necessary?*)中提到，维纳的工作清楚地表明，"我们必须改变自文明伊始就一直坚持的世界运转的基本假设"。甚至在库尔特·冯内古特1952年出版的第一本小说——反乌托邦讽刺作品《自动钢琴》(*Player Piano*)中，维纳就以一位被遗忘的先知的形象露过一面。这部小说描述了一位年轻的工程师对完全自动化的世界的反抗，最终机器毁灭，小说的结尾如史诗一般。

无孔不入的机器智能

在20世纪50年代，自动化技术尚处于雏形阶段，对于已经因炸弹而备感不安的大众来说，虽然机器人入侵的想法并不意味着世界末日，但也会对人类造成一定威胁。在推测性的小册子和科幻小说里，人们对机器人入侵的最终影响展开各种想象，但这些影响要经历很长一段时间才能成为现实。20世纪60年代，大多数的自动化机器还是像"二战"后福特公司生产线上的原始机器搬运工一样，只能进行单一的重复劳动。它们按照仅有的几个基本电子指令调整动作：加速、减速、向左、向右、抓住、放下。这些机器的运作非常精准，但除此之外，也没什么能耐了。它们默默无闻地在工厂里劳作，还时常被锁在笼子里，免得有人随意扭动按钮或是猛拉操纵杆。这些机器看起来一点儿也没有将要接管世界的样子，它们就比听话的牲畜强那么一点儿。

但同之前那些单纯的机械设备相比，机器人和其他自动化系统具有一大优势：因为有软件控制，这些机器能搭上摩尔定律这条高速公路，它们可以从计算机进程的快速发展中获益——处理器速度、程序算法、存储及网络容量、接口设计及微型化等。这同维纳预想的一样。机器人的感官变得更灵敏，大脑更快更灵活，对话更流畅，学习能力更强。20 世纪 70 年代初，它们接管了那些要求灵活性和灵巧性的生产工作——切割、焊接、组装。70 年代末，机器人既能用于驾驶飞机，也能参与制造飞机。而后，机器人摆脱它们的物理外壳，通过大量专业的软件应用，以纯粹的逻辑代码的形式进入商业世界。机器人参与到白领的脑力劳动中来，大部分时间它们只是起到辅助作用，但有时也能替代白领工作。

虽然早在 20 世纪 50 年代，机器人就已经出现在工厂的大门口了，但直到最近，它们才在我们的命令下，向办公室、商店和家庭进军。今天，被维纳称为"替代决策型"的软件从桌子上发展到了口袋里，终于，我们开始感受到自动化在改变工作内容和工作方式方面的潜力。一切都在经历自动化。或者，就像美国网景公司的创始人、硅谷名人马克·安德森说的那样，"软件正在吞噬世界"。

这可能是我们从维纳的书以及劳动力节约机器那漫长而喧嚣的历史中最需要学习的一点。技术发展的速度比人类进化的速度快得多。计算机按照摩尔定律的速度飞速发展；而人类天生的能力则遵循着达尔文法则，龟速爬行。机器人可以有多种形态，从打地洞的蛇到俯冲过天空的猛禽，再到大海里遨游的鱼，它们可以复制一切，而我们则被困在古老的、叉形的身体里，但这并不意味着机器在进化发展上把我们远远地甩在了后头。即使是最强大的超级计算机也同锤子一样，没有意识。但在人类的指导下，软件和机器人将会继续发现新的方式超越我们——工作速度更快、成本更低、效果更好。并且，像"二战"时期的高射炮一样，我们将被迫调整工作、行为和技能，以适应机器的能力和工作方式。

The Glass Cage

How Our Computers Are Changing Us

第三章

自动驾驶来临

The Glass Cage

How Our Computers
Are Changing Us

2009 年 2 月 12 日晚上，在呼啸的狂风中，美国大陆连线航空公司的定期航班从新泽西州的纽瓦克市起飞，飞往纽约州的布法罗市。同现在典型的商务航班一样，飞机的两位驾驶员在这一小时的旅程中并没有太多事情需要做。机长马文·伦斯洛是佛罗里达人，待人友善，当时 47 岁。在起飞期间，机长进行了几项简单的操作，将庞巴迪 Q400 涡轮螺旋桨飞机送入了天空，随后就开启了自动驾驶模式。副驾驶丽贝卡·肖当时 24 岁，来自西雅图，刚刚结婚。两人在驾驶舱里留意着 5 个 LCD（液晶显示器）大屏幕上闪动的计算机读数。他们通过无线电波同空中交通管制员交换信息，并进行了几项常规检查。但是大部分的时间里，他们都是在随意地聊家庭、事业、同事和金钱。而此时，涡轮螺旋桨飞机正在 16 000 英尺①的高空中沿着西北航线飞行。

---

　　① 1 英尺 ≈ 0.3 米。——编者注

　　Q400 顺利进入布法罗飞机场，起落架降下，襟翼展开，但此时，机长的控制杆开始震颤，并发出噪声。飞机的抖杆警告被激活，这表示飞机失去了升力，有失速①危险。根据预先编写的程序，当出现失速警告后，自动驾驶系统断开，机长将控制飞机飞行。他反应迅速，但犯了一个错误：他猛地往回拉动操纵杆，抬升机鼻，降低空速，而不是向前推杆，使翼尖向下倾，加快飞机的速度。飞机的自动防失速系统启动，尝试向前推杆，但是机长又重复了刚才的动作，向后拉杆。伦斯洛不但没有阻止失速，反而导致飞机失速加剧。Q400 失去控制，直线下降。在飞机撞上布法罗郊区的一栋房子前，机长说："我们正在下降。"

　　在这场空难中，机上 49 人全部遇难并造成地面一人丧生，这一切本不应该发生。美国国家运输安全委员会的调查表明，Q400 不存在机械故障问题。飞机上虽然有结冰现象，但对冬天的航班来说，这是常有的事。飞机的防冻装置和其他系统皆运转正常。伦斯洛之前两年的飞行记录良好；肖当时患有感冒，但在飞行时两位驾驶员均头脑清醒。他们都接受过良好的训练，虽然飞机突然出现抖杆警告，但两位驾驶员有足够的时间和空域采取必要措施，防止失速。美国国家运输安全委员会将这次事故的原因归为驾驶员操作失误。伦斯洛和肖都没有察觉到一个"明显的线索"——失速警告。这一疏忽表明，"他们在监控飞机飞行时出现了重大失误"。调查员表示，一旦警告

----

　　① 人们提到"失速"时，通常是指发动机熄火。在航空业，失速是指机翼失去升力。——译者注

响起，机长"应该自动做出反应，但伦斯洛却感到吃惊和困惑，他并没有按照训练的要求进行操作，而是给出了错误的飞行控制指令"。负责大陆连线航空公司航班运营的是地区性运输公司——科尔根航空公司。科尔根航空公司的高管承认，驾驶员在危机情况发生时缺少"态势感知"能力。如果机组人员操作正确，飞机可能就会平安降落。

布法罗空难并不是一个孤立的事件。三个月以后，另一场空难造成了更多人员伤亡，这两起灾难有着惊人的相似性。5月31日晚，法国航空公司的空客A330从里约热内卢起飞，飞往巴黎。飞机起飞三个小时后，在大西洋上空遭遇风暴。飞机的空速传感器结冰，开始传送错误的读数，自动驾驶系统断开。让人感到困惑的是，飞机的副驾驶皮埃尔·塞德里克·博宁向后猛拉操纵杆，拉升A330，导致失速警告响起，但是博宁并没有在意，而是继续向后拉动操纵杆，造成飞机在迅速爬升的过程中出现失速。空速传感器恢复工作，向机组人员传送准确的数据。这个时候，驾驶员本应该很清楚地认识到，飞机的速度已经减慢太多了。但是，博宁仍然坚持他的错误操作，造成空速进一步下降。飞机出现失速，开始坠落。如果博宁能松开操纵杆，A330就能进行自我更正，但他没有这么做。法国的调查员在描述机组人员当时的状态时表示，"完全丧失了对情况的认知控制"。几秒后，另一位驾驶员戴维·罗伯特接过操纵杆，但已经太晚了。飞机已经在3分钟内下降了超过3万英尺。

"怎么会这样？"罗伯特说。

"怎么了？"博宁仍然很困惑。

3 秒后，飞机坠入大西洋。机上 228 名乘客和机组人员全部遇难。

自己飞行的飞机

如果你想了解自动化给人类带来了哪些影响，你应该先朝天上看看。航空公司、飞机制造商、政府机构和美国空军一直在特别积极地寻找用机器取代人工劳动的方式，并进行了许多独创性的尝试。现在，汽车设计者将计算机融入设计，但其实飞机设计者早在几十年前就开始这么做了。因为驾驶舱内一个小小的失误就会导致大量人员伤亡，并造成几百万美元的损失，所以，人们投入了大量的私人资金和公共资金，对自动化的影响进行心理和行为研究。几十年来，科学家和工程师一直在研究自动化对飞机驾驶员的技术、认知、想法和行为所造成的影响。在人类同计算机协作方面，我们所了解的大部分信息都源自这些研究。

飞行自动化的故事大概始于 100 年前的巴黎。那是 1914 年 6 月 18 日，不同的记载都表明，那天风和日丽，天空湛蓝，用来见证伟大的事件再好不过了。巴黎西北部塞纳河畔的阿让特伊大桥旁聚集了一大群人，他们都是来观看飞机安全大赛的。这场飞行比赛将展示飞行安全方面的最新进展。有近 60 架飞机及其驾驶员参加了这次比赛，展示了令人称奇的各式各样的技术和设备。当天活动进入尾声时，英俊的美国飞行员劳伦斯·斯佩里驾驶着寇蒂斯C-2双翼飞机进场。在C-2开放的驾驶舱里，坐在斯佩里身旁的是法国机械师埃米尔·加香。当斯佩里驾驶着飞机飞过观众队伍上空，接近评委席时，他松开了飞机的操纵杆，举起双手。观众席爆发出一阵惊呼。飞机在自己飞行！

斯佩里的表演才刚刚开始。飞机转了几圈后，他再次飞过评委席，又将双手举到空中。但这次，加香爬出了驾驶舱，抓着飞机上下机翼之间用于支撑的立柱，在飞机的右下翼上行走。飞机因为这位法国人的体重向右倾斜了一秒，然后立即自动恢复了平衡。在这期间，斯佩里没有进行任何操控。人群的惊呼声更大了。斯佩里又绕了一圈。当飞机第三次接近评委席时，加香和斯佩里都爬出了驾驶室，加香在飞机的右翼，斯佩里在飞机的左翼。C-2飞机仍在平稳飞行，但驾驶室里空无一人。观众和评委都惊呆了。斯佩里获得了特等奖——5万法郎。第二天，他登上了欧洲所有报纸的头版。

斯佩里这架寇蒂斯C-2搭载了世界上第一台自动驾驶设备——"陀螺稳定器装置"。斯佩里和他的父亲，著名的美国工程师及实业家埃尔默·A·斯佩里，在两年前发明了这个装置。陀螺稳定器由两个陀螺组成，分别以水平和垂直的方式安装在飞行员座椅的下面，由螺旋桨下方的风动发电机提供动力。陀螺仪在一分钟内能转数千次，并且根据飞机三个旋转轴——横向倾斜、纵向侧滚以及垂直偏航，精确地感知飞机的飞行方向。一旦飞机偏离了既定方向，陀螺仪上的带电钢丝刷就会连接飞机机架上的接触点，形成回路。电流将流向操纵飞机主控板的引擎——飞机上的副翼以及尾部的升降舵和方向舵，控制板会自动调整升降舵和方向舵的位置，修正飞行错误。水平陀螺仪用于保证飞机机翼及飞机龙骨的平稳性，垂直陀螺仪控制转向。

在美国军方的支持下，经过 20 年的测试和完善，陀螺自动驾驶仪才最终应用于商业飞行。这项技术一问世，就引起了前所未有的轰动。1930 年，《科技新时代》（*Popular Science*）的一名撰稿人发表了一篇激动人心的文章，他解释了配有自动驾驶仪的飞机——"巨大的三引擎福特汽车"，是如何在"没有人类参与"的情况下飞了三个小时，从俄亥俄州的代顿市到达华盛顿特区的。"四个人惬意地向后靠着，坐在飞机的乘客舱里，"他写道，"但是驾驶舱里却空无一人。一位金属材质的'飞行员'，只有汽车电池那么大，正在控制着飞机的操纵杆。"三年以后，勇敢的美国飞行员威利·波斯特在斯佩里自动驾驶仪的帮助下（他称之为"机械麦克"），成功实现了第一次世界巡回单人飞行，各大媒体纷纷预测，航空飞行的新时代到来了。《纽约时报》写道："原来飞行员依靠飞行技术，凭借鸟一样的方向感，在数小时的飞行中努力保持航向，度过没有星星的黑夜，穿过雾气弥漫的天空，当这样的日子结束时，我们就会迎来商业飞行的自动化时代。"

陀螺自动驾驶仪的引进为航空业在战争和交通中地位的大

幅提升奠定了基础。自动驾驶仪的应用使得驾驶员不再需要手动保持飞机的平稳性和航向，不必再纠结于操纵杆和脚踏板的配合或是线缆和滑轮的运转问题。这不仅降低了飞机驾驶员因长时间飞行而产生的疲惫感，还解放了他们的双手和双眼，最重要的是，飞机驾驶员有精力去关注更细微的操作。他们可以操纵更多的工具，进行更多的计算，解决更多的问题，总的来说，他们可以深入分析和创造性地思考工作。他们能飞得更高、更远，而且坠机的可能性也降低了。以前有些天气条件不允许飞行员驾飞机飞行，但现在这已经不是问题了。飞行员能进行复杂的操作，在使用自动驾驶仪之前，人们认为进行这些操作绝对是轻率的决定，或者认为飞行员不可能完成这些操作。在自动驾驶仪的帮助下，飞机驾驶员可以运送乘客或是投放炸弹，他们的能力越来越大，职责也越来越重。飞机也发生了变化：它的体积更大，速度更快，内部构造更加复杂。

自动转向及稳定工具的相关技术在 20 世纪 30 年代得到了飞速发展，物理学家对空气动力学的认识逐渐增加，工程师将气压计、气动控制、减震器等设备融入自动驾驶机制。这期间最大的突破是在 1940 年，斯佩里公司推出第一台自动驾驶的电子模型A-5。A-5 利用真空管放大陀螺信号，能够更快、更准地做出调整，纠正错误。它还能感知飞机速率及加速的变化情况。电子自动驾驶仪结合最新的轰炸瞄准技术，成了"二战"时期同盟国空军的一大法宝。

战争后不久，1947 年 9 月的一个夜晚，美国空军进行了一次试验性飞行。这次试验展示了自动驾驶技术的发展成果。军队测试飞行员——上尉托马斯·J·威尔斯同 7 名机组人员一起，驾驶一架C-54空中霸王运输机从纽芬兰出发。在飞行的过程中，他松开了操纵杆，按下按钮，开启了自动驾驶模式。驾驶室里的一名同事回忆："之后，上尉就向后靠在椅子上，手放在大腿上。"飞机自行起飞，自动调整襟翼改变推力，离开地面后，自动收回起落架。然后，飞机按照之前编写好并输入'机械脑'里的指令，飞越了大西洋。每一个指令都精确到了特定的高度和英里数。飞机上的人不知道飞行线路，也不清楚目的地是哪儿；飞机通过对地面或是海上船只发送的无线电信标进行监控来维持航线。第二天黎明，C-54 到达了英国海岸。依旧是凭借自动驾驶系统，飞机开始降低高度，放下起落架，沿着牛津郡皇家空军基地的跑道完美地降落。上尉威尔斯将双手从大腿上拿开，停好了飞机。

空中霸王完成了这次里程碑式的飞行。几个星期之后，英国航空杂志《班机》（Flight）的一名撰稿人评价了这次飞行的影响。他提到，新一代自动驾驶仪使得"飞机不再需要导航员、无线电话务员或飞机工程师"。机器让一些工作变得多余。他认为飞机驾驶员看起来也不是不可或缺的。至少在最近几年里，飞机驾驶员还会继续待在驾驶舱里，不过他们的任务也就是"观察各个计时器和不同的读数，确保飞行顺利"罢了。

专业飞行员即计算机操作者

1988 年，C-54 坠入大西洋 40 年后，欧洲航空公司——空中客车公司推出了 A320 喷气式客机。这架飞机有 150 个座位，是空客 A300 客机的缩小版。但是同之前传统的、死气沉沉的机型不同，A320 让人大为惊叹。它是第一台真正意义上由计算机控制的商用飞机，是日后飞机设计参照的样板。A320 的驾驶舱发生了很大变化，估计威利·波斯特或劳伦斯·斯佩里都会认不出了。A320 没有模拟表盘或仪表电池等原来飞机驾驶舱里常见的设备。取而代之的是 6 块由 CRT（阴极射线管）组成的玻璃屏幕，这 6 块屏幕整齐地排列在风挡下面。飞机驾驶员可以从显示器上获取机载计算机网络的最新数据和读数。

A320 里布满显示器的驾驶舱被飞行员称为"玻璃座舱"，但这并不是 A320 最突出的特点。NASA 兰利研究中心的工程师们早在 10 年前就尝试使用 CRT 屏幕传送飞行信息。20 世纪 70 年代末，飞机制造商就已经开始在客机上安装屏幕。让 A320 真正脱颖而出的——用美国作家兼飞行员威廉姆·朗格维舍的话来说，使 A320 成为"自怀特兄弟的'Flyer'以来最具创新性的民用飞机"的——是它的电传操纵系统。在 A320 出现之前，商用飞机仍然由机械控制。机身和机舱内装配的是电缆、滑轮和齿轮，还有一个由液压管、水泵和阀门组成的微型水厂。控制装置（包括操纵杆、油门杆和脚舵）通过机械系统直接连接控制飞机方位、方向和速度的运动部件。飞行员操作控制装置，飞机做出相应的动作回应。

要让自行车停下来，你需要握手闸。手闸拉动闸线，收紧制动钳，将垫圈紧紧压在轮毂上。实际上，你是在用手发送指令——停下的信号，刹车将这项指令传给车轮。然后，你的手会感受到手闸传回的命令接收信息：制动钳的阻力、垫圈压在轮毂上的压力、车轮在路上滑行。从小的方面来说，这同飞行员驾驶由机械控制的飞机一样。飞机驾驶员是机器的一部分，他们用身体感知机器的运转以及机器对命令的响应，而机器则负责传达驾驶员的意愿。人类同机械装置之间复杂的纠葛是飞行快感的一大来源。著名的诗人飞行员安东尼·德·圣埃克苏佩里一定会认同这种说法的，当他回想起 20 世纪 20 年代驾驶邮政飞机的日子时，他写道："乍一看，飞机好像是帮人类解决了大自然的一个难题，但事实上，是让人陷得更深了。"

A320 的电传操纵系统实现了飞机驾驶员和飞机之间的相互感知，在人类控制和机器响应间插入了数字计算机。当飞行员在空客飞机的驾驶舱里移动操纵杆、转动旋钮或按下按钮时，换能器将指令翻译成数字信号，快速传送给计算机，计算机按照软件程序计算出完成飞行员的指令所需的各种机械调整。然后，计算机将自己的指令传送给数字处理器，数字处理器负责控制飞机的各个部件。数字信号替代了机械运动，随之而来的，飞机驾驶舱的控制装置也需要进行重新设计。原来驾驶舱里的操纵杆负责拉动线缆并压缩液压油，特别笨重，需要两只手来操作。而在 A320 上，操纵杆被小巧的"侧杆"取代，

"侧杆"安装在驾驶员的座椅旁边,一只手就能控制。在驾驶舱前方的操作台上安装着配有LED(发光二极管)数字显示器的旋钮,飞行员可以将空速、高度以及方向的设定信息输入计算机。

A320问世以后,飞机的发展和计算机的进步相互融合。制造商和航空公司不断突破自动化的极限,将硬件和软件、电子传感器和控制器、显示技术等方面的进步同商用飞机设计紧密地结合在一起。现在的喷气式飞机搭载了多个计算机化系统,用于保证飞机按航线平稳飞行的自动驾驶仪只是其中之一。还有控制发动机功率的自动油门。飞行管理系统从GPS接收器和其他传感器那里搜集定位数据,通过这些信息设置或调整飞行线路。防碰撞系统扫描附近空域的飞机。电子飞行包存储图表和其他文件的数字拷贝供飞行员使用。此外,飞机上还有其他计算机设备,用于收放起落架,操控制动器,调整座舱压力或执行其他功能,这些任务原来都是机组人员负责的。为了设计计算机程序并监控计算机输出的信息,飞行员现在使用彩色纯平大屏幕,屏幕上以图像的形式显示出电子飞行仪表系统产生的数据。除了屏幕,飞行员还要使用键盘、数字键盘、滚轮等其他输入设备。航空学教授、人体工程学专家唐·哈里斯表示,在现在的飞机上,计算机自动化技术真是"无孔不入",可以把驾驶舱"看作一个大的飞行着的计算机接口"。

现代的飞行员舒适地坐在高科技玻璃座舱里,快速飞过天空,从斯佩里、波斯特和圣埃克苏佩里的灵魂旁擦肩而过,这种感觉怎么样？不用说，商业飞行员的工作已经失去了原有的浪漫与冒险色彩。故事里的人手握控制杆和方向舵凭感觉飞行，现在看来就像个传说。在现在最常见的客机上，飞行员操纵控制杆的时间不超过三分钟——其中一到两分钟是在起飞的时候，另外一到两分钟是降落的时候。在整个飞行过程中，飞行员大多数时间是在检查屏幕，输入数据。飞行安全基金会主席比尔·沃斯曾表示："在过去，自动化技术还只是用于辅助飞行员操控飞机；而现在我们进入了一个新的时代，自动化变成了控制飞机飞行的主要系统。"飞行研究员及美国联邦航空管理局顾问赫曼特·巴纳（Hemant Bhana）写道："自动化的功能越来越强大，飞行员的角色转变为自动化系统的监督者或管理者。"商业飞行员变成了计算机操作者，许多航空领域和自动化技术方面的专家开始认为这样下去会出问题。

新型坠机事故

1923 年，斯佩里在飞跃英吉利海峡时坠机身亡。

1935 年，波斯特随飞机一同坠毁在阿拉斯加。1944 年，圣埃克苏佩里驾驶着飞机在地中海上空消失。在飞行史早期，早逝是一种常见的职业风险。浪漫和冒险要付出高昂的代价。乘客的死亡率也高得惊人。20 世纪 20 年代，航空业初具规模，一家美国航空杂志的出版商要求政府提高飞行安全率，指出"每天都有飞行员因缺乏经验造成致命的飞行事故，给乘客的生命安全带来威胁"。

很幸运，那些致命的飞行旅途已经一去不返了，现在，乘坐飞机很安全。在航空业内，几乎所有人都认为自动化技术的发展是飞行安全问题得以解决的原因之一。正是得益于机械化和计算机化的发展，以及飞机设计、航空公司安全程序、飞行员训练以及空管的进步，在过去几十年间，飞行事故发生率和伤亡数量大幅下降。在美国和其他西方国家，机毁人亡的情况已经很少见了。2002~2011 年，乘坐美国商用航班的乘客超过70 亿人次，其中只有 153 人因坠机事故丧生，也就是说每 100 万名乘客有 0.02 人死于空难。1962~1971 年这 10 年间，有 13 亿人乘坐飞机，却有 1 696 人丧生，也就是说每 100 万名乘客中就有 133 人死于空难。

这个充满光明的故事背后也有一些灰暗的数据。乔治·梅森大学心理学教授、全球自动化专家拉嘉·帕拉休拉曼表示，坠机事故总次数的下降掩盖了最近出现的"严重的新型事故"。当机载计算机系统出现一些预期内的故障，或是飞行中出现其他意料之外的问题，飞行员就必须采用手动飞行。突然担当一个陌生角色，飞行员通常会犯错误，这些错误可能造成灾难性的后果，正如大陆连线和法航的事故一样。在过去的 30 年间，许多心理学家、工程师及人体工程学家（或"人因工程"专家）展开调查，研究飞行员和软件共同执行飞行任务所带来的得与失。他们发现高度依赖计算机自动化技术会造成飞行员专业技能的退化，飞行员变得迟钝，注意力下降，正如英国布里斯托大学人因工程专家简·诺伊斯所说的："飞行员丧失了飞行技能。"

人们对飞行自动化负面影响的关注并不是最近才有，早在玻璃座舱和电传操纵系统发展之初就已经存在。1989 年，NASA（美国国家航空航天局）艾姆斯研究中心的一份报告显示，在未来 10 年，随着飞机上的计算机设备越来越多，行业及政府研究者"感到越来越不安，驾驶舱会变得过于自动化，设备替代人类操作的平稳过渡可能会祸福参半"。虽然大部分人对计算机化的飞行充满热情，但许多航空业人士却颇感担忧："飞行员过于依赖自动化技术，他们手动飞行的能力会退化，态势感知能力也会下降。"

随后的研究发现，许多意外事故或潜在事故都同自动系统的故障有关，或者同"自动化所导致的飞行员的失误"有关。2010 年，美国联邦航空管理局公布，在过去 10 年间，该局曾对航空公司的航班进行过专业调查，调查显示，有 2/3 的坠机事故同飞行员的失误有关。美国联邦航空管理局的科学家凯西·阿博特表示，这项调查进一步表明，自动化提高了飞行员出现失误的可能性。阿博特认为，操作机载计算机会分散飞行员的注意力，飞行员也会"将过多的任务分配给自动化系统"。2013 年，专家小组根据一组FAA提供的数据撰写了一份报告，报告指出，在最近发生的事故中，有一半以上都同自动化有关，自动化带来了一些问题，例如态势意识退化和手动飞行技能退化等。

英国顶尖的工程学院——克兰菲尔德大学的人因研究员马修·艾柏森进行了一项缜密的研究，其研究结果为从事故报告和调查中搜集到的实例证据提供了实证支持。"在自动化程度较高的航空公司，飞行员会丧失手动飞行技能"这一论断缺乏确实的、客观的数据，艾柏森为此感到失望，但他想要填补这片空白。他从英国航空公司招募了 66 名经验丰富的飞行员，让他们进入飞行模拟器，进行高难度的操作——驾驶爆缸的波音 737 客机，在恶劣的天气条件下完成降落。模拟器内没有自动驾驶系统，这迫使驾驶员必须采用手动飞行。艾柏森在报告中指出，一些飞行员在测试中的表现出乎意料地好，但是许多人表现很差，勉强达到"可接受的程度"。艾柏森将每名飞行员在模拟器中的操作——施加在操纵杆上的力量、空速稳定度、航线变化程度，同他们的历史飞行记录进行比较。他发现，飞行员的控制能力同手动飞行时间，特别是试验前两个月里的手动飞行时间，存在着直接的联系。分析表明"如果没有相对频繁的训练，飞行员的手动飞行技能很快会退化到'过得去'的边缘"。艾柏森表示，飞行员控制"空速"的能力特别"容易退化"，而这项技能是识别、避免和应对失速或其他危险情况的关键。

自动化造成飞行员技能退步的原因并不难解释。同许多挑战性较高的工作一样，飞机驾驶融合了心理运动技能和认知技能——需要飞行员在行动前进行仔细且积极的思考。飞行员需要准确操纵工具和设备，同时在脑中快速准确地做出计算、预测和评估。在经历复杂的思维过程并进行手动操作时，飞行员需要保持警惕，留意周边发生的事情，并能够分辨重要信号和非重要信号。他要时刻集中注意力，保证视野开阔。要掌握这些技能，只能通过严格的训练。初级飞行员在控制上表现得较为笨拙，会出现推拉操纵杆力量过大的情况。他们必须停下来去思考下一步该干什么，一步一步地回想之前的操作。初级飞行员很难做到手动操作和思维的无缝转换。当情况危急时，他很可能就会不知所措或者无法集中注意力，最终忽视环境的重大变化。

最终，通过充分训练，初级飞行员会树立起自信，工作的时候不再犹豫，动作也更加精准，但这种训练可能有点浪费。随着飞行员经验的积累，大脑会形成所谓的心智模式，这是一种有专门用途的神经元集合。在心智模式下，飞行员能够识别周围的图像，能够理解并靠直觉对刺激做出反应，而不必受困于认知分析。最终，思维和行为实现无缝连接，飞行成为第二本能。在研究人员开始对飞行员的大脑进行研究之前，威利·波斯特就曾用简洁而准确的语言描述过他的专业飞行经历。在 1935 年，波斯特表示，他驾驶飞机时"没有思考，完全是通过下意识来控制自己的行为"。这种能力并不是与生俱来的，而是波斯特辛苦训练的结果。

当计算机进入航空业，飞行员工作的本质、艰苦程度和学习内容都发生了变化。正如我们看到的，软件程序接管了飞行过程中的所有控制，飞行员摆脱了手动操作。这种任务的重新分配带来了巨大的好处，它减少了飞行员的工作量，使他们更多地关注飞行过程中思维认知层面的问题。但是，这需要付出代价。飞行员的心理认知能力会退化，当需要飞行员手动操作时，他们会对某些关键场景感到陌生而无法正确操作。更多的证据表明，近来自动化的不断发展，也会威胁飞行员的认知能力。越来越多先进的计算机取代了人类，开始参与计划和分析工作，例如设计和调整飞行计划。不只是在手动操作方面，在心理认知上，飞行员的参与度也在下降。图像识别的准确性和速度需要规律的训练。面对快速变化的情况，飞行员的理解能力和反应速度变慢了。在思维和手动技能方面，飞行员都出现了艾柏森说的技能退化。

　　飞行员并不是没有意识到自动化带来的负面影响。他们对让渡责任给机器一直持谨慎态度。"一战"期间，飞行员对自己在空战中操纵飞机的能力颇为自豪，对斯佩里花哨的自动驾驶技术丝毫没有兴趣。1959 年，最初的水星航天员对 NASA 将手动控制器从太空飞船上移除的计划表示抗议。但是现在，飞行员的关注更加急切。虽然他们对飞行技术的巨大成果表示赞赏，也承认自动飞行技术在安全和效率上具有优势，但他们担心自己的能力会被削弱。作为研究的一部分，艾柏森对商业飞行员进行了调查，询问他们是否"感觉他们的飞行能力因飞机高度自动化而受到了影响"。超过 3/4 的受访者表示"他们的技能已经退化了"；只有少数几个人觉得他们的技能得到了提升。2012 年，欧洲航空安全局对飞行员进行了一次调查，发现确实有许多飞行员存在类似的担忧，95% 的飞行员表示自动化会影响"基本的手动飞行能力和认知技能"。联合航空公司的资深机长罗里·凯，最近才卸任飞行员协会首席安全官一职，他对航空业正在经历"自动化依赖症"表示担忧。在 2011 年接受美联社采访时，他直言不讳："我们忘记了如何飞行。"

走出飞机驾驶舱的人们

愤世嫉俗的人马上就会把这种恐惧归咎于自私。他们认为，飞行员之所以抱怨自动化技术，是因为他们害怕丢掉工作或是收入下降。在某种程度上，这些犬儒派的观点是正确的。1947 年，《班机》杂志的一名撰稿人预测，自动化技术会削减飞行员的数量。60 年前，一家航空公司的驾驶舱里一般有 5 个技术熟练的专业人士：导航员、无线电报务员、飞行工程师及两名驾驶员，他们都享受着较高的待遇。20 世纪 50 年代，报务员失业了，因为通信系统更可靠，操作更简单。20 世纪 60 年代，导航员走出了驾驶舱，惯性导航系统取代了他们的工作。飞行工程师的任务是监控飞机的仪表装置，将重要信息传达给飞行员。在经历了 1978 年的飞行自由化之后，美国航空公司甩掉了飞行工程师，仅留下机长和副驾驶。为了保住工程师的工作，飞行员联盟集结起来，同航空公司展开了艰难的斗争。1981 年，美国总统委员会宣布客机的安全飞行不再需要工程师，这场斗争才告一段落。自那时起，两人机组成了常态，至少现在还是这样。一些专家列举了军用无人机的成功案例，认为到头来，两名飞行员也是多余的。波音公司高管詹姆斯·安波杰在 2011 年的航空会议上表示："无人驾驶飞机的时代终将到来，现在只是时间问题。"

自动化的普及已经造成了商用飞行员的工资下降。经验丰富的喷气式飞机机长能拿到 20 万美元的薪水，而年轻飞行员的年工资仅为 2 万美元，有时甚至更少。在大型航空公司，有经验的飞行员的平均起薪在 36 000 美元左右，《华尔街日报》的记者表示："对已经进入职业生涯中期的专业人士来说，这点儿工资太低了。"虽然飞行员的工资很低，但人们还是普遍认为，飞行员享受着过度补偿。Salary.com 网站上的一篇文章指出，在现在的经济中，商业喷气式飞机飞行员应属于"最名不副实的"的职位，他们的"许多任务都是依靠自动设备完成的"，并且他们的工作"很无聊"。

但是当遇到自动化问题时，相比于职业安全、薪酬和自身安全，飞行员更在意自身利益。每次技术的革新都会改变工作内容和人类的角色，但反过来，也会改变我们看待自己的方式，以及别人对我们的看法。飞行员的社会地位，甚至他们的自我认知都会起到作用。所以，当飞行员讲到自动化，他们说的并不只是技术上的问题，而是他们的亲身体验。我是机器的主人还是仆人？我在这个世界上是表演者还是观众？我是一家机构还是一个个体？麻省理工学院技术史历史学家戴维·明德尔在他的书《数码阿波罗》(Digital Apollo) 中提到，"从本质上来说，人们对飞机控制及自动化的讨论，其实就是在讨论人类和机器的相对重要性"。在航空业或其他需要借助工具才能完成的工作中也出现了类似情况，"技术革新和社会变革交织在一起"。

　　飞行员一直用他们同飞机的关系来定义自己。1900 年，威尔伯·莱特在写给另一位航空飞行先锋奥克塔夫·沙尼特的信中提到，飞行员"最需要的是技术而不是机器"。他的话并不是老生常谈。莱特指出，在人类飞行伊始，飞机能力和飞行员能力之间最重要的冲突是什么？是技术。在制造第一架飞机时，设计师们就飞机内部的稳定性应该达到何种程度展开了辩论——飞机应该能够垂直地或朝着平面内的所有方向飞行。似乎飞机总是应该具有高度的稳定性，但其实并不是这样，我们需要在稳定性和机动性上寻找一个平衡点。飞机越稳定，飞行员越难对其进行控制。明德尔解释说："飞机越稳定，就需要施加更多的力使它偏离均衡点，因此，就越难控制它。相反，如果飞机越容易控制或操作，就不会稳定。"在 1910 年出版的一本关于航空学的书中，作者提到均衡的问题已经成为争论的焦点，"将飞行员分成了两派"。一方认为应该"尽可能地实现自动化"，应该在飞机内部实现自动化；另一方则认为，应该"关注飞行员的技术"。

　　莱特兄弟属于后一阵营。他们相信，从根本上来说，飞机应该是不稳定的，就像自行车，或者像威尔伯曾经提到的"难以驯服的马"。这样，飞行员应该尽可能多地享有自治权和自由。莱特兄弟将他们的观点融入飞机制造中来，认为机动性高于稳定性。明德尔认为，莱特兄弟在 20 世纪初发明的"不仅仅是一架能飞的飞机，他们提出了一种想法，即飞机是人类飞行员控制之下的动力机器"。在工程决定成为道德选择之前，应该使设备屈从于人类的控制，成为人类技术和意志的工具。

莱特兄弟在这场有关"均衡"的辩论中败下阵来。随着飞机运载乘客和贵重货物飞行的距离越来越长，飞行员的自由和精湛技巧退居次要地位。最重要的是飞行的安全性和效率，为了这两点，很明显，飞行员的能力范围必然要受到限制，机器自身获得更多权限。控制的转换是逐步完成的，但是每次技术获得一点儿权力，飞行员就感到被抽空了一点儿。1957 年有一篇不切实际的文章，该文章反对进行自动化飞行的相关尝试。喷气式战斗机的顶级试飞员 J·O·罗伯特在文中表示，他感到很焦虑，自动飞行将驾驶舱内的飞行员变成了"监视员"。除此之外，飞行员真的一无是处了。罗伯特表示，飞行员必须想想"他们自己是否还有存在的价值"。

人们在陀螺、机电、器械和液压方面的创新仅仅暗示了数字化的成就。计算机不只改变了飞行的特点，还改变了自动化的特点。它限制了飞行员的角色，告诉我们"人工控制"的概念已经落伍了。计算机控制着飞机的部件并选择飞行航线，而飞行员工作的核心是将数字输送给计算机，并监控计算机的数字输出，那么到底什么是人工控制？虽然飞行员在计算机化的飞机里可以拉动控制杆，但他们经常参与的其实是模拟的人工飞行。所有操作都是间接的，通过微处理器进行控制。然而，并不是说这其中没有重要的技术。确实存在某些重要技术，但它们已经发生了变化，躲在软件程序的帷幕后面，以远程应用的形式出现。现在许多商用飞机上，飞行软件甚至可以在某些极端的操控中推翻飞行员输入的数据。计算机掌有最终的控制权。与威利·波斯特同一个时期的一位飞行员曾经说过："波斯特不只驾驶飞机，他还是飞机的主人。"现在，飞行员不是驾驶飞机，而是操作飞机上的计算机——或者可能是计算机在控制驾驶员。

在过去的几十年间，飞行经历了某些转变——从机械系统到数字系统，软件及显示屏的蔓延，人类思维和手动工作的自动化，飞行员概念的模糊化，所有这些都为社会进行更大范围的转变提供了方向。唐·哈里斯曾经指出，玻璃座舱就像是世界的原型，在这里，"计算机无处不在"。飞行员的经历也反映出，自动化系统的设计方式和人们使用系统时的工作方式之间存在着微妙而紧密的联系。越来越多的证据表明，飞行员的技能受到侵蚀，感知能力变得迟钝，反应速度下降，我们应该放慢自动化的脚步。随着我们开始在玻璃座舱里度日，我们注定会发现飞行员已经认识到的问题：玻璃座舱也是个玻璃笼子。

The Glass Cage

How Our Computers Are Changing Us

第四章

重塑工作和工人

The Glass Cage

How Our Computers
Are Changing Us

100 年前，英国哲学家阿弗雷德·诺尔司·怀特海在《数学导论》（*An Introduction to Mathematics*）中写道："人们无须过多考虑就可以完成的重要操作越来越多，随着这些操作数量的增长，文明也在进步。"怀特海所指的并不是机器，而是运用数学符号表达想法或逻辑过程——将智力行为封装在代码中。怀特海希望他的想法能得到广泛认同。他写道，人们普遍认为"应该培养勤于反思所做之事的习惯，但这从根本上就错了"。我们越是能将思维从日常琐事中解放出来，就越能卸下这些任务，将它们交给辅助技术，从而储备更多精力，用于进行最深层的、最具创造性的推理和猜想。"思维运转就像战争中冲锋陷阵的骑士——数量非常有限，需要战马辅佐，并且只能用于决定性的时刻。"

　　我们坚信，自动化是发展的基石，很难再想出一种更加简洁、明确的方式来表达我们的信念了。怀特海的话阐明了人类行为的等级观念。每当我们卸下一项任务，将其交给工具、机器、符号或是软件算法，我们就获得了解放，可以寻求更高的追求，这个追求需要我们更加机敏，拥有更多智慧和更加开阔的视野。可能每往上爬一步，我们就会失去些东西，但是到了最后，我们的收获也会更大。极端点儿看，怀特海将自动化视为自由，它最终会变成王尔德和凯恩斯所说的"技术乌托邦"，或者像马克思所说的——机器将把我们从早期劳动中解放出来，重返伊甸园时的闲适愉悦。但是怀特海并不是在做白日梦，他就如何支配时间和如何付出努力，提出了一种较为实用的观点。在 20 世纪 70 年代出版的一份刊物上，美国劳动部将秘书的工作职责总结为："将雇主从日常任务中解放出来，使雇主可以去处理更重要的事务。"在怀特海看来，软件和其他自动化技术起到了类似的作用。

历史为怀特海提供了大量支持的证据。自从杠杆、轮胎和计算工具问世以来，人们一直都处于不断摆脱琐事的过程和努力中，将它们交给工具去完成，这些琐事不仅涉及体力劳动，还包括脑力劳动。任务的转移使我们能够应对更为棘手的挑战，取得更大的成就。农场、工厂、实验室和家里，随处都可以找到证据。但是，我们不能认为怀特海的观点就是普遍真理。他说出此番言论时，自动化还局限于个别的、定义明确的重复性工作——用蒸汽织布机编制布料、用联合收割机收获粮食、用计算尺做乘法等。现在，自动化已经今非昔比。就像我们看到的，计算机通过编程，能够执行或支持复杂的活动，这些活动需要通过评估多个变量来完成一系列高度协同的任务。在如今的自动化系统里，计算机经常承担起脑力劳动的任务——观察、感知、分析、判断，甚至做出决策。一直以来，这些行为都被认为是人类的特殊属性。操作计算机的人沦为高技术职员，负责输入数据，监控输出，留意故障。软件限制了我们的关注点，而不是开启人类思维和行动的新疆域。我们用精妙独特的才智换取了更为常规的、趋同的技术。

大多数人的预测同怀特海相同，认为自动化是有益的，会推动我们去完成更大的使命，但并不会改变我们做事或思考的方式。这是个谬论，是自动化学者所说的"替代神话"。省力设备不仅可以替代部分工作，还改变了整个任务的特性，包括参与者的角色、态度和技术。正如拉嘉·帕拉休拉曼在2000年发表的杂志文章中提到的："自动化并不是简单地取代了人类活动，而是通过出乎设计者意料或预期之外的方式改变人类活动。"自动化重塑了工作和工人。

过度依赖的后果

当人们在计算机的协助下完成一项任务时，他们经常会被一对认知障碍所扰，即自动化的自满情绪和人们对自动化的偏好。当我们按照怀特海定律进行重要操作而不多加思考时，我们很可能会掉进这对认知障碍的陷阱。

当计算机给我们造成安全假象时，就体现出了我们对自动化的过度依赖。我们坚信机器运转不会出现任何问题，它能处理所有可能遇到的挑战，我们不用时刻留意机器的状况。我们从工作中抽身，或者至少对于软件处理的那部分工作不用给予太多关注，这样一来，我们很可能会忽略机器的故障信号。大多数人都有过类似的经历：在发邮件或使用文字处理软件时，如果开启了拼写检查工具，我们就不会特意去校对文字。这是个简单的例子，最坏的情况也就是带来点儿尴尬。但是有些时候，对自动化的过度依赖会带来致命的后果，飞机的操作悲剧就说明了这一点。在最坏的情况下，人们过于相信技术，以至于他们完全丧失了对周遭情况的感知能力。他们关掉了自己的认知系统。如果突然出现问题，人们会感到迷茫，并错失宝贵的时机。

从战场到工业控制室，再到船只和潜水艇的船桥，在许多危险系数较高的环境中都曾出现过对自动化的过度依赖。这里有一个典型的例子：1995 年春天，一艘载有 1 500 名乘客的远洋客轮"皇威"号从巴拿马起航，开往波士顿，在为期一周的航行中，在当地是最后一站。这艘客轮装载了当时最先进的自动航海系统，通过 GPS 信号保持航线。起航一小时后，GPS 的天线松脱，航海系统无法进行方向定位，虽然仍能继续提供读数，但这些读数都存在偏差。过了 30 多个小时，客轮渐渐偏离了原定的航线。虽然已经出现了系统故障的明确信号，但船长和船员仍旧置之不理。曾有那么一刻，当值大副无法定位客轮应该经过的重要区位浮标，但他也没有报告这一情况。他盲目地相信，自动航海系统是十分健全的，以至于他以为浮标就在那儿，只是他没看见罢了。客轮偏离了航线将近 20 英里，最终在楠塔基特岛附近的沙洲上搁浅。幸运的是，这次事故没有造成人员伤亡，但是给客轮公司造成了数百万美元的损失。政府安全调查员总结，对自动化的过度依赖是引发这次不幸事故的元凶。船长"过度依赖"自动系统，以至于他忽略了其他"助航设备及监控信息"的偏航危险提示。安全调查员在报告中说，有了自动化，"船员不再负责重要的操作，不再积极地参与轮船的控制工作"。

对自动化的过度依赖会困扰办公室职员，也会给飞机和轮船的驾驶员带来麻烦。在一项关于软件对建筑业的影响的调查中，麻省理工学院社会学家雪莉·特克记录了建筑师关注细节方面的变化。在需要手绘设计图时，建筑师在将设计蓝图交给施工人员之前，都会不厌其烦地仔细核对、检查所有尺寸。建筑师知道自己可能会犯错误，会有疏忽。所以，他们遵循着木匠的格言："量两次切一次。"但是如果通过软件设计图纸，设计师就不会这么仔细地核准尺寸了。计算机具有精确的透视和打印技术，导致设计师认为设计数据都是准确的。一位建筑师告诉特克："再去检查就显得有些自以为是了，我是说，我不可能比计算机做得更好。计算机能精确到 0.01 英寸[①]。"工程师和建筑工人也存在这种对自动化的过度依赖情绪，以至于在设计和施工的过程中，他们会犯下代价惨重的错误。虽然我们知道，计算机输出的内容取决于我们输入的质量，但我们仍旧告诉自己：计算机不会出现严重的错误。特克的一名学生说："计算机系

---

① 1 英寸 ≈ 2.54 厘米。——编者注

统越精确，你就越会觉得它在修正你的错误，你也就越相信机器输出的内容，认为就应该是这样。产生这种想法是很自然的。"

对自动化的偏好同对自动化的过度依赖紧密相连。当人们过分重视显示屏上的信息时，这种偏好就会悄悄地蔓延开来。即使信息是错误的或具有误导性，人们也相信这些信息。他们对软件的信赖变得特别强烈，以至于忽略或低估了其他来源的信息，包括人类自己的感知。如果你发现，因为盲目听从GPS设备或其他数字地图工具发出的错误或未更新的指示，你迷了路或是一直在绕圈，那么，你就被自动化偏好影响了。即使是司机，在依靠卫星导航行驶时，也会表现得缺少常识，这让人很是吃惊。司机们会沿着危险的路线一直开，最终撞上低矮的天桥或是堵在小镇的羊肠小道上。2008年，在西雅图，一名司机驾驶着公共汽车撞上了混凝土桥，当时车上乘客是一支高中运动队。这辆车有12英尺高，而桥的限高是9英尺。汽车的顶棚被掀翻了，21名学生受伤被送往医院。司机告诉警察，他一直按照GPS的指示驾驶，并没有看到前方桥梁限高的标志和闪烁的警示灯。

对于依靠决策支持类软件进行分析或判断的人来说，自动化偏好具有特殊的风险性。自20世纪20年代末以来，放射科医生就一直使用计算机辅助诊断系统。乳腺X光或其他X射线将疑似患病区域突出标示出来。将图像的数码版扫描进计算机，图像匹配软件会进行检查，添加箭头或其他提示，为医生标明区域，从而方便医生进行更为细致的检查。在某些情况下，疾病检查的突出标注能帮助放射科医生找出可能会忽略的潜在癌症。但是，研究表明，突出标注也会起到反作用。医生更倾向于采用软件给出的建议，对于图像中没有高亮标注的区域只是草草扫一眼。这样一来，有时，医生就会忽略早期肿瘤或其他病变。当放射科医生让病人做没有必要的活体检查时，提示信息也会增加误报的可能性。

近日，伦敦城市大学的一组研究人员对乳腺X光数据进行了复核。他们发现，自动化偏好对放射科医生以及其他图像读取职业的影响比想象的要大。研究人员发现，虽然在评估"相对简单的案例"时，计算机辅助诊断提高了"鉴别力较差的人员"的准确性，但它也确实降低了专业人员评估复杂案例的能力。依靠软件识别疾病时，专家更容易忽视某些癌症。并且，计算机辅助决策会引发个别细微的判断偏好，是"人类认知结构中对提示和警告的固有反应的一部分"。辅助技术引导我们的视线焦点，歪曲了我们的认识。

对自动化的过度依赖和偏好似乎都是源于注意力的局限性。对自动化的过度依赖表明，当我们没有同周围事物进行常规性互动时，注意力和意识很容易就会分散。我们在评估和衡量信息时容易产生偏好情绪，这表明我们思维的关注点具有选择性，并且很容易被错误信息或是表面上看起来有用的提示影响。随着自动化系统的质量和可靠性不断提升，人们对自动化的过度依赖和偏好会变得越来越严重。实验表明，当某个系统频繁出现错误时，我们会保持高度警惕，时刻注意周围环境的变化，仔细监控来自不同渠道的信息。但是当系统的可靠性提高以后，故障或错误只是偶尔出现，我们就变得懒惰了，认为系统是完美无瑕的、可靠的。

通常情况下，即使我们不关注自动化系统，或者不对自动化系统施加强烈的主观意识，它也能保持良好的运转状态，所以，我们很少受到对自动化的过度依赖或偏好带来的惩罚。这会导致一些复杂的问题。2010 年，帕拉休拉曼同德国同事迪特里希·曼蔡共同撰写了一篇论文，他们指出："考虑到自动化系统通常都具有较高的可靠性，所以，即使操作者对自动化的过度依赖或偏好情绪特别严重，也很少会对系统运转造成明显的影响。"缺乏负面反馈会触发"某种认知程序，同前面提到的'学者的粗心大意'类似"。设想一下，你在开车的时候打瞌睡。你困得上下点头，车偏移了车道，这时，你通常会撞上坚硬的路肩或是隆起带，或者其他驾驶员会朝你按喇叭——这些信号会让你很快惊醒。如果你的车能通过监控车道标记，调整驾驶，自动保持在道路中央行驶，你就不会收到什么警告。你会慢慢进入熟睡状态。然后，如果有什么意外——动物闯进了马路，或者一辆车在你前方很近的地方停了下来，很容易就会酿成事故。自动化把我们同负面反馈隔离开来，使我们难以保持警惕的状态，也很难参与操作，这样一来，我们就更容易忽视情况的变化。

钝化的思维

我们很容易出现对自动化的过度依赖和偏好的情绪，这就解释了为什么依赖自动化会导致我们出现行为偏差或是对差错置之不理。即使信息是错误的或是不完整的，我们也会欣然接受，并按照信息行事，忽略了本应了解的情况。但是，对计算机的依赖性削弱了我们的意识和注意力，这引出了一个更隐蔽的问题：自动化将我们从执行者变为观察者。我们不再控制操纵杆，而是盯着屏幕。这种角色的转变可能会使我们的生活变得轻松，但也会阻碍我们学习和锻炼技能。不管自动化是增强还是削弱了我们执行某项任务的能力，长期这样下去，我们的技能都将退化，学习新技能的能力也将减弱。

自 20 世纪 70 年代以来，认知心理学家一直在研究一种被称为"生成效应"的现象。这种现象最先出现在词汇研究中，人们如果主动回想单词就会增强记忆——主动回想相当于在生成单词，比人们单纯阅读纸上的单词效果要好。早些时候，多伦多大学的心理学家诺曼·斯拉麦卡主持了一项著名的实验，在实验中，人们通过抽认卡记忆成对的反义词，如：热（Hot）和冷（Cold）。某些实验对象获得的卡片给出了完整的单词，例如：

HOT : COLD

而其他人的卡片上，第二个单词只给出了首字母，如：

HOT : C

在后续的记忆测试中，卡片上只有首字母的实验对象表现得更好。他们强迫思维补全缺少的字母，对问题做出反应，而不仅仅依靠观察来解决问题，这更有利于记忆信息。

一直以来，在不同的情况下，生成效应对记忆力和学习能力都产生了明显的影响。实验证据表明，不仅是记忆字母和单词，有些任务还需要记忆数字、图片和声音，解决数学难题，接受细节拷问，阅读理解文章等，这时，生成效应就会发挥作用。最近的研究也证明了，生成效应可以给高等教学和学习带来诸多益处。2011 年，《科学》杂志发表了一篇论文，文章描述了一项研究：在研究的第一阶段，实验对象阅读一项复杂的科学任务。在第二阶段，在不借助任何辅助措施的情况下，实验对象要尽量回忆任务的内容。这比让实验者进行 4 次实验而每次都是反复阅读的记忆效果更好。生成思维提高了人们的活动能力，教育研究员布里顿·豪根·郑曾指出，因为思维生成时"需要概念推理以及更深层次的认知加工"。确实如此，布里顿表示，随着思维生成的东西越来越复杂，生成效应也在不断加强。

心理学家和精神系统科学家仍在努力探索生成效应的原理。但是很明显，生成效应涉及深层的认知和记忆过程。我们努力进行某项工作时，会集中注意力和精力，大脑就会奖励我们，增强我们的理解力。我们的记忆力越好，学的东西也就越多。最后，我们具备了熟练、专业、具有目的性的专业技能。这一点儿也不奇怪。大多数人都知道，熟练掌握某件事的唯一方式就是亲身实践。从计算机屏幕或是书籍上快速搜集信息很容易，但是真正的知识，特别是那些埋藏在记忆深处并通过技能体现出来的知识，是很难习得的，需要学习者精力充沛，并同严苛的任务展开旷日持久的斗争。

澳大利亚心理学家西蒙·法雷尔和斯蒂芬·莱万多夫斯基在 2000 年发表了一篇论文，指出自动化和生成效应之间具有某种联系。在斯拉麦卡的实验中，实验对象被告知反义词组中的第二个单词是什么，而不是被要求回忆单词，法雷尔和莱万多夫斯基认为这个实验"可以作为自动化的例子"，"因为人类活动——产生'COLD'这个单词的行为，被打印出来的刺激物抵消了"。再者，"当生成功能被阅读所取代，人们的表现就会变差，这可以作为对自动化过度依赖的例子。"我们可以借此阐明自动化的认知代价。同计算机辅助技术相比，自己承担一项任务或工作会涉及多种心理过程。软件降低了工作的参与度和专注度，特别是当软件把我们推向更为被动的角色时，我们成了观察者或是监控者，这就避开了生成效应的基础——深层认知处理。最终，自动化会限制我们获取丰富、真实、专业知识的能力。生成效应需要人们付出努力，而自动化则是为了减少人们的努力。

2004 年，荷兰乌得勒支大学认知心理学家克里斯托夫·范宁韦根进行了一系列简单的原创性实验，主要研究软件对记忆生成以及专业技能的影响。他招募了两组实验对象，让他们玩同一个电脑游戏，这个游戏是根据经典的逻辑难题"野人与传教士"改编的。要解开这个谜题，玩家必须用一条小船将 5 名传教士和 5 名野人送到河的另一岸，这条河是假想的（在范宁韦根的版本里，传教士和野人变成了 5 个黄球和 5 个蓝球），每次最多载 3 名乘客。谜题的难点就在于，每次运送时，不管是在船上还是岸上，野人的数量均不能超过传教士的数量。如果超过了，传教士就会被野人吃掉。参与者需要进行精确的分析和仔细的规划，才能按照任务的要求计算出如何才能成功。

范宁韦根安排一组实验对象使用软件来解决这个难题，软件提供一步步的指导，例如，在屏幕上显示提示信息，将可行和不可行的移动用高亮标示出来。另一队使用一种初级程序，不提供任何帮助。正如你能想到的，使用帮助性较大的软件的实验对象，在游戏之初取得了很大进展。根据提示操作，这组实验对象不需要每走一步就停下来回想游戏规则，也不需要计算如何应对新形势。但是，随着游戏的发展，使用初级程序的游戏者开始显露出优势。最终，同另一队相比，他们解开谜题的速度更快，并且错误步骤较少。在这项实验的报告里，范宁韦根总结道，使用初级程序的实验对象对任务概念有更清晰的认识，他们能更好地思考并制定成功的策略。相较之下，那些依靠软件指导的人经常会感到困惑，只是"毫无目的地到处乱点"。

软件辅助技术给我们带来的认知惩罚在 8 个月后更加明显。当范宁韦根让同样的实验对象再解这道谜题时，之前使用初级软件的人解开谜底的速度是其他人的两倍。他写道，使用初级程序的实验对象在执行任务时注意力更集中，并且实验后对知识的记忆效果更好。他们享受到了生成效应的好处。范宁韦根以及他在乌得勒支大学的同事又进行了其他更具实际意义的实验，例如使用日历软件安排会议和用活动规划软件为会议发言人安排房间等。结果是相同的。从依靠软件提示进行各项活动的人群身上我们可以发现，他们的策略性思考较少，会经历许多不必要的步骤，最终表现出来的对任务概念的理解力也较弱。而当程序的帮助不大时，实验对象能更好地做出计划，工作起来更聪明，学得也更多。

认知任务（例如解决问题）实现自动化以后，思维将信息转化为知识、将知识转化为专业技能的能力都会受到影响，范宁韦根在实验室中观察到了这一点，在现实世界中，这种现象也是真实存在的。在许多行业中，经理以及其他专业人士依靠所谓的专业系统对信息进行分类和分析，系统会给出行动方案建议。例如，会计在公司审计时使用决策支持类软件，这些软件会提高任务的完成速度。但是，软件功能越强，会计的能力就会越弱。澳大利亚教授进行的一项实验对三家国际会计公司使用专业系统所带来的影响进行了研究。两家公司使用高级软件，软件根据会计对客户基本问题的回答给出客户审计文件中包含的相关业务风险的建议。第三家公司则使用功能较为简单的软件，虽然这个软件给出了潜在风险列表，但是要求会计对这些风险进行复核，手动选择文件相关的风险。研究人员对三家公司的会计进行了测试，衡量他们对审计所涉行业风险的了解程度。那些使用帮助较小的软件的会计，表现出的能力要明显强于另外两家公司的。即使是经验丰富的审计员——在现在的公司任职 5 年以上，使用高级软件也会造成学习能力下降。

对其他专业系统的研究得出了相似的结论。研究表明，虽然决策支持类软件能在短期内帮助新晋分析师做出更好的判断，但也给他们带来了精神上的疲惫感。软件降低了他们思考的频率，阻碍了记忆的信息编码能力，从而减少了隐性知识储备，而要成为真正的专家，他们必须具备丰富的隐性知识。自动决策辅助技术的缺点并不明显，但是会造成一些实质性的影响，特别是在某些领域，分析出现错误会造成难以估量的影响。高速计算机交易程序的应用加剧了计算错误的风险，在 2008 年的世界金融系统的危机中，计算错误就扮演了重要的角色。正如塔夫茨大学管理学教授阿玛尔·拜德所言，"机器人式的"决策导致银行家和其他华尔街专业人士普遍出现"判断障碍"。我们无法准确定位自动化在这场灾难以及随后的惨败中（例如 2010 年美交所的"闪电崩盘"）所扮演的角色，但我们还是要谨慎地对待自动化可能产生的任何影响：广泛使用的技术会减少人们的知识储备，或者给敏感工作从业者的判断力罩上一层迷雾。在 2013 年的报告中，计算机科学家戈登·巴克斯特和约翰·卡特利奇警告称，人们对自动化的过度依赖正在侵蚀金融业人士的技能和知识，而计算机交易系统使得金融市场更具风险。

软件程序员的工作是为了减轻思想的负担，但他们担心，这会反过来给自己的技能带来负面影响。程序员现在经常使用集成开发环境（IDEs）应用，这个应用可以帮助程序员编写代码。它将许多复杂、费时、细碎的工作自动化，一般包括自动完成、自动纠错、自动调试例行程序等，而更复杂的应用会进行重构，评估并修正程序的结构。但是应用接管了代码编写任务以后，程序员就丧失了锻炼并提高手动编码技能的机会。维韦克·哈尔达供职于谷歌公司，是一位经验丰富的软件开发员，他曾写道："现代的IDEs足够用了，有些时候，我觉得我是个IDE操作员而不是一名程序员。""这些工具不是鼓励人们'对代码深入思考并仔细编写'，而仅仅是'草拟一份蹩脚的代码，然后这些工具会告诉你哪里出错了，并且如何改正并完善你的代码。'"他将此种现象总结为"聪明的工具，迟钝的大脑"。

谷歌承认当他们提高搜索引擎的响应性，使搜索引擎更周到、更具预见性时，也意识到了这可能会造成愚化大众的影响。除了纠正拼写错误，谷歌还会在我们打字的时候提示搜索词条，解决请求中的语义模糊问题，并根据所在位置和之前的行为推测我们的需求。我们可能会想：在谷歌不断完善功能、优化搜索的过程中，我们也会学到些什么。我们在设定关键词时会更有经验，或者网络搜索能力会提高。但是公司高级搜索工程师阿米特·辛格尔表示，结果正好相反。2013 年，伦敦《观察者》（*Observer*）报的记者就谷歌搜索引擎近几年的多项改善举措采访了辛格尔。记者说："可以推测，我们使用谷歌越频繁，所输入的搜索词条就会越准确。"辛格尔叹了一口气，纠正记者说："事实上，情况正好相反。机器越精准，我们的问题就越愚蠢。"

　　搜索引擎的便利性会弱化我们对复杂问题的查询能力，但远不只这些。2011 年，《科学》杂志刊登了一系列实验。这些实验表明，网上的信息随手可得，这弱化了我们对事实的记忆。在其中一个实验中，实验主体阅读几十个简单但真实的陈述，例如"鸵鸟的眼睛比它的大脑大"，然后将这些陈述输入计算机。实验人员告诉部分实验主体，计算机会存储他们输入的内容；而另一半实验主体则被告知，这些陈述输入以后就会被删除。输入完成以后，研究人员要求所有人将这些陈述写下来。同知道计算机会删除陈述的人相比，认为信息已经被存储在计算机里的实验主体能记得的陈述的数量明显要少很多。仅仅知道信息会存在数据库里就已经降低了大脑记忆的可能性。研究人员总结说："因为搜索引擎一直都是可用的，我们经常会觉得不需要将信息编码内化，当我们需要时，去搜索就行了。"

　　一千年来，从卷帙和书籍到缩微胶片和磁带，人们用存储技术填充了自己的生物性记忆。用于记录和传递信息的工具是文明的基础。但是，外部存储和生物性记忆相差甚远。知识不仅仅要通过查找来获得，人们还需要将事实和经历编码，转化为个人记忆。要真正了解一个事物，你必须让它进入你的神经元回路，然后你要不断地从记忆中读取这些信息，不断使用它们。通过搜索引擎和其他在线资源，我们实现了信息存储的自动化，并且回溯信息的频率处于有史以来的最高水平。我们的思维似乎有一种卸下或外化记忆的固有趋势，记忆让我们在某些情况下成为更高效的思考者。我们能很快地回忆出已经溢出思维的事实。但是，思维活动的自动化过度简化了思维活动，以至于我们不用去记忆或理解，这时候，思维卸下记忆或外化记忆的趋势就演变成一种病态。

当然，谷歌和其他软件公司致力于让我们的生活变得更简单。这是我们对他们的要求，也是我们努力工作的原因。但是，如果这些公司设计的程序能替我们思考，我们自然会更依赖软件而不是自己的智慧。我们不可能强迫自己去生成思维。这样一来，最终我们学到的和了解到的知识都会减少，我们的能力也会下降。正如得克萨斯大学的计算机科学家米哈伊·纳丁在谈到现代软件时说的那样："计算机界面在取代人类工作的路上走得越远，使用者适应新环境的能力就会越差。"计算机自动化逆转了局势，导致退化效应，以替代生成效应。

在行动中思考

请原谅，我要把你的注意力再带回到那个不幸的、和雨衣一个颜色的黄色手动挡斯巴鲁上。正如你所想的，我从悲剧的"齿轮研磨机"到熟练地操控变速杆只用了几个星期。当初父亲教我如何协调胳膊和腿的动作，现在这些动作已经成为我的本能反应。我并不是专家，但换挡这件事再也不会让我发愁了。我可以不用多想就完成换挡，可以说，已经实现了技能的内化。

　　我的经历可以被看作人类获取复杂技能的一个例子。通常情况下，我们直接从老师或其他良师益友那里获得一些简单的指导，开始着手，或是间接地从书本、手册或YouTube[①]视频里学习，这些方式可以将技能的显性知识（例如：首先做什么，其次做什么，再次做什么）传送给我们的意识思维。这同父亲告诉我排挡在哪儿并解释什么时候踩离合是一个道理。很快我就发现，只有当某项任务具有心理准备和认知基础时，显性知识才会发挥一定的作用。要掌握一项技能，你需要具备隐性知识，而隐性知识只有通过真实的经历才能获得——通过一遍又一遍地练习某项技能。你练习的次数越多，就越不会去想你的动作。原来那些断断续续的、迟缓的意识负责你的技能，而现在潜意识接手了，潜意识的运转速度较快而且很流畅。此时，你的意识获得了解放，能专注于技能中更细微的部分，当这些细微的部分也实现了自动化以后，你就进入了下一个阶段。就这样一直前进，一直自我推动，最终实现技能内化，从而掌握了这门技能。

　　这种技能培养能在无意识的情况下完成。它有一个不怎么起眼的名字——"自动化"，或是另外一个不怎么好听的名字——"程序化"。自动化涉及大脑在深度和广度上的调整。某些脑细胞或神经元进行调整以后，能很好地适应手头的任务，并且通过神经突触产生的电化学连接协同工作。纽约大学认知心理学家加里·马库斯给出了更详细的解释："在神经层

面，程序化包括大量精心协调的程序，包括灰质（神经细胞体）和白质（神经元之间的突触及树突）。现有的神经连接（突触）需要提高效率，形成新的树突，合成蛋白质。"通过自动化的神经调整，大脑发展了自动性——一种快速的无意识的感知、理解和行为，让我们的思维和身体能识别图案并对变化的环境立刻做出反应。

我们在学习和阅读时都经历了自动化的过程，并具备了自动性。观察小孩阅读教学的早期阶段你就会发现，他们需要付出很大的努力。孩子通过形状认识字母，并尝试用字母组成音节，用音节构成单词。如果孩子不熟悉这些单词，就必须自己弄明白或者由别人告知他单词的含义。然后，一个个单词组合在一起，她必须理解句子的含义，经常需要处理语言固有的模糊性。这是一个缓慢且艰辛的过程，需要思维意识全部集中。最后，这些字母和单词被编入视皮层的神经元——视皮层是大脑中用于处理视觉信号的部分，年轻的读者开始能够不经过意识思考就认出字母和单词。通过协调大脑的变化，阅读不再那么费劲了。孩子的自动性越强，阅读起来就越顺畅、越熟练。

无论是驾驶舱里的威利·波斯特，网球场上的塞雷娜·威廉姆斯，还是棋盘上的芒努斯·卡尔森，这些超凡的技能都来自于自动性。那些看起来像是本能的技能是很难获得的。我们不能通过被动的观察引发大脑的变化。人们需要通过不断面对意外情况来培养这些技能，正如精神哲学家休伯特·德雷弗斯所说的："对于不同的经历，观察的视角相同，但所需的策略性决策则各不相同。"如果不在不同的环境下对这项技能进行大量的、反复的练习，你和你的大脑永远不会真正掌握这项技能，至少对于那些复杂的技能而言是这样的。并且，没有持续的训练，你已经获得的技能也会生锈。

现在很多人都认为我们需要做的就是练习。花上万个小时练习某项技能，它就会成为你的专长——你会成为下一个伟大的糕点师或是大前锋。但遗憾的是，这种想法太夸张了。生理和智力的遗传特征在培养技能的过程中发挥了关键作用，特别是在技能发展的最高阶段。人的自然属性起到了重要的作用。正如马库斯指出的那样，我们对练习的欲望和喜好也具有遗传特性："我们对经历的反应，甚至是追求，都是与生俱来的基因功能的一部分。"但是如果基因规定了或者粗略地限制了个人技能的上限，人们就只有通过练习才能突破这些上限，并实现各自的潜能。但是人类与生俱来的能力扮演了重要的角色，心理学教授戴维·汉布里克和伊丽莎白·迈因茨写道："研究明确表明，人们完成复杂任务时的表现千差万别，最大的原因就在于，人们是否拥有知识以及拥有多少知识：通过在某一领域训练多年而获得的说明性的、程序性的、策略性的知识。"

自动性，正如它的名字一样，可以被看作一种内化了的自动化。它是人体进行困难、重复的例行工作时所采用的方式。身体的运动和步骤被编写进肌肉记忆中，通过感官对环境模式的即时认知形成理解和判断。科学家很久以前就发现思维的受限程度令人惊讶，它摄取和处理信息的能力很有限。没有自动性，我们的思维意识将一直处于过载状态。甚至非常简单的行为——例如阅读书中的句子或用刀叉切牛排，都会耗尽我们的认知能力。自动性实现了大脑的扩容，可以增加"不经思考就完成的重要操作的数量"。这推翻了怀特海的观点。

怀特海认为，工具和其他技术充其量只能用于完成一些类似的任务，大脑自动性的容量也是有限的。我们无意识的思维能实现许多功能，既快速又高效，但也并不是无所不能。你能记住 12 个甚至 20 个时间表，但是再多就记不住了。即使你的大脑还能存储记忆，你也耗尽了耐心。有些复杂的数学过程对你的大脑来说负荷过大，但是用一个简单的口袋计算器，你就能解开这些数学运算，这样一来，你的思维意识就获得了解放，可以去思考数学背后的意义。但是，只有通过学习和训练掌握了基本的算术以后，你才能考虑这些问题。如果你用计算器解决你没学过的或是不理解的数学问题，而不去学习数学的相关知识，这个工具就不会给你带来新的见解，也不会帮助你获得新的数学知识和技能。它只是一个黑盒，一个神秘的数字产出装置，它将阻碍高级思维的生成而不是激发高级思维。

现在的计算机自动化就是这样，这也是怀特海的观点误导技术的原因。计算机的自动化不但没有扩充人与生俱来的脑容量中分配给自动性的部分，还会经常阻碍自动化的发展。计算机的自动化使我们摆脱了重复的思维训练，也剥夺了我们深入学习的机会。过度依赖和偏好并不是思维的常态，在没有思维刺激时才会显现出来。当思维没有投入全面的真正的实践时，也会出现这两种思维，因为全面的真实的实践会产生知识，丰富记忆并培养技能。计算机系统成了共犯，使我们远离了直接的、立即的行动反馈。心理学家 K·安德斯·埃里克森是培养技能的专家，他指出，定期反馈是培养技能的必要条件，能帮助我们从错误和成功中获取经验。埃里克森解释说："没有足够的反馈，我们就不能高效学习，即使是具有强烈动机的主体，也只能获得最小化的技能提升。"

自动性、生成和心流，这些心理现象各不相同。它们都很复杂，并且我们无法认清它们的生理基础。但是这几种心理现象相互关联，可以告诉我们一些有关人类的重要信息。为培养技能而付出的努力一般具有高挑战性、目标明确以及反馈直接等特点，同那些给我们带来流动感的技能很相似。它们是浸入式的体验，迫使我们积极生成知识而不是被动获取信息。锤炼技能、增强理解、实现个人的满足感和成就感，这一切都是浑然一体的，都需要个体与世界在生理和心理上紧密相连。用美国哲学家罗伯特·塔利斯的话来说："把双手弄脏，再让世界给你些回报。"自动性是世界在活跃思维和活跃的人身上刻下的印记。专业技能就是这种印记大量存在的证据。

从攀岩者到医生再到钢琴家，米哈里·契克森米哈解释说："那些深深沉浸于某项活动的人，体现了挑战和技能给人们带来的最优经验。"人们从事的工作或爱好"会提供大量的行动机会"，而技能可以让人们充分利用这些机会。在世界上泰然行动的能力把我们都变成了艺术家。"艺术家经过训练，即

使是面对困难的任务，也能保持全神贯注，毫不费力，这全都
是基于他们对复杂技术的掌握。"当自动化让我们远离了工作，
横亘在我们和世界之间，它也抹去了我们生活中的艺术性。

跳舞的老鼠

1907 年，哈佛大学心理学家罗伯特·M·耶基斯出版了
《跳舞的老鼠》(*The Dancing Mouse*)，在书的开篇，他这样写
道："自 1903 年以来，我一直在观察跳舞的老鼠，数量从 2 只
到 100 只不等。"这本书共有 290 页，是一首啮齿动物的赞歌。
并不是所有的啮齿类动物都能获得如此殊荣。耶基斯预测，跳
舞的老鼠之于行为学家就像青蛙之于解剖学家一样重要。

剑桥当地医生将一对跳舞的日本老鼠作为礼物，送给哈佛
心理学实验室时，起初耶基斯并不感兴趣，那就像"科研工作
过程中平常的事件一样"。但是很快，他就对这两只小生物以
及他们"绕着同一个点以惊人的速度飞快转圈"的行为着了迷。
他给这两只小老鼠打分，分别编上编号，并详细记录斑纹、种
别、出生日期和宗源等信息。"这种动物太棒了！"他写道，
同一般老鼠相比，跳舞的老鼠体型小、能力弱——它们几乎不
能支撑自己的身体，也无法"依附在物体上"。但是"对于许
多动物的行为难题来说，这类老鼠却是绝佳实验对象"。这个
品种的老鼠"好饲养、易训练，没有害处，一直处于活跃状态，
并且非常适合进行大量实验，这让人非常满意"。

当时，利用动物进行心理学研究还是件新鲜事。19 世纪90 年代，伊万·巴普洛夫才开始以流口水的狗为实验对象进行研究。直到 1900 年，美国一名研究生威拉德·斯莫尔才将一只老鼠丢进迷宫，观察老鼠四处乱跑的现象。借助跳舞的老鼠，耶基斯极大地拓宽了动物研究的范畴。他在《跳舞的老鼠》中写道，他用啮齿动物作为实验主体，探索平衡和均衡、视觉和感知、学习和记忆，以及行为特征的遗传性等问题。耶基斯称，老鼠具有"实验推动性"，"我观察和实验的时间越长，老鼠表现出来的需要解决的问题就越多"。

耶基斯关于老鼠进行了一系列实验，其中最重要也最具影响力的一项实验早在 1906 年就已经开展了。耶基斯和他的学生约翰·迪林厄姆·多德森将 40 只老鼠一只一只地放进一个木盒子里。盒子较远的一端有一白一黑两个通道。耶基斯和多德森后来写道，如果老鼠试图通过黑色通道，就会受到"讨厌的电击"。老鼠受到的电击强度不同，分为弱电击、强电击和中等电击。研究人员想要观察刺激的强度是否会影响老鼠的认知速度，让他们避开黑色通道，转投白色通道。观察结果令他们大吃一惊。虽然同他们预想的一样，受到弱电击的老鼠分辨黑白通道的速度相对较慢。但是，受到强电击的老鼠的学习速度也很慢。而受到中等强度电击的老鼠，能最快地认清情况并调整自己的行动。科学家们表示："这同我们预想的情况相反。实验表明，虽然电击强度会一直增加，最大时会给实验对象造成伤害，但是习惯养成的速度并没有随之加快。相反，中等强度的刺激最有利于习惯的养成。"

耶基斯又进行了一系列后续实验，结果更令人惊讶。科学家用另一组老鼠进行了同样的训练，不同的是，这次增加了白色通道内灯光的亮度，调暗了黑色通道的光线，增强了两个通道的视觉对比度。在这种情况下，所受电击强度最大的老鼠最快避开黑色通道。老鼠的学习能力并没有像第一轮实验那样出现下降。耶基斯和多德森对老鼠的行为差异进行了追踪研究，他们发现，第二组实验对动物来说更容易。得益于较大的视觉对比，老鼠在分辨通道的时候并不需要太多思考，直接把电击和较暗的通道联系了起来。"电流刺激强度和学习速度或养成习惯之间的联系取决于习惯的难度。"他们解释说。随着任务难度的加深，所需要的刺激强度也在下降。换句话说，当老鼠面对真正困难的挑战时，特别弱或特别强的刺激都会阻碍它的学习能力。在金发女孩效应中，中等刺激会激发出最好的表现。

1908 年，耶基斯和多德森在发表了实验论文，自那时起，"刺激强度和习惯养成速度之间的关系"就成了心理学历史上的标志性事件。他们将这一发现称之为耶基斯—多德森法则，该法则不仅局限于跳舞的老鼠和颜色不同的通道，还适用于许多其他类型的事件，它不仅影响啮齿动物的行为，也对人类产生了影响。对人类来说，耶基斯—多德森法则通常为倒"U"型曲线，勾画了面对困难任务时人类的表现同心理刺激程度之间的关系。

刺激度特别低时，人处于空闲状态，没有受到刺激，停止不动，表现呈平缓停滞状态。随着刺激的加强，表现增强，倒"U"型曲线顶点的左侧呈上升趋势。而后，刺激进一步增强，但表现下降，曲线顶点的右侧呈下降态势。当刺激强度达到最大值时，压力麻痹了人的行动，表现再次呈停滞状态。同跳舞的老鼠一样，当处于耶基斯—多德森曲线顶点的时候，人类的学习和表现处于最佳状态，因为在这一刻，我们受到了挑战，但没有被击垮。当曲线到达顶点时，人类进入了一种心流状态。

耶基斯—多德森定律同自动化研究已被证明具有某种特殊的关联。该定律能解释计算机进入人类工作场所和工作过程以后所带来的诸多意外影响。在自动化发展的早期阶段，人们认为软件可以处理日常琐事，减少人类的工作量，提升工作表现。人们猜测，工作量和表现具有负相关性：心理紧张程度降低，工作时就会表现得更聪明、更积极。现实更为复杂。某些情况下，计算机成功减少了工作量，人们工作起来更加得心应手，可以将全部注意力转向那些更为紧迫的任务。但在其他情况下，自动化承担的任务过多，导致工人的表现只能处于耶基斯—多德森曲线的左侧。

我们都了解信息过量带来的负面影响。事实证明，信息不足也会降低人们的能力。但是我们认为，简化会适得其反。人因学家马克·杨和内维尔·斯坦顿的发现表明，实际上，人类的"注意力"会"缩水"，"以适应心理工作负荷的降低"。他们解释说，在自动化系统的运行过程中，"负载不足可能比过载更值得我们的关注，因为负载不足更难发现"。研究人员担心，信息负载不足导致的倦怠心理会是新一代汽车自动化的特殊危险。软件接替人类实现转向和刹车等操作，驾驶员只需坐在方向盘后面，没有事做，会忽视周围发生的一切。更糟的是，司机很可能没有受过自动化操作和自动化风险的相关培训。我们可能会避免一些常规性事故，但是未来糟糕的司机可能会增多。

在最坏的情况下，自动化确实对人类提出了意料之外的附加要求，增加了他们额外的工作负担，迫使他们处于耶基斯—多德森曲线的右侧。研究人员将这种现象称为"自动化悖论"。位于美国弗吉尼亚州的欧道明大学的人因学家马克·谢尔博解释说："越来越多的研究证明，自动化系统经常会增加工作量，造成存在风险的工作环境，这是自动化矛盾的根源。"例如，在一家高度自动化的化学工厂里，如果某位操作员突然陷入危机，且该危机迅速升级，他需要监控显示信息，操控各种计算机控制器，同时还要按照检查清单逐项检查，对警告做出反应，采取其他应急措施，这一切都会把他击垮。计算机化非但没有减轻他的痛苦和压力，反而迫使他去处理许多额外任务和突发状况。当驾驶舱出现紧急情况时也会出现同样的问题，驾驶员需要往飞行计算机里输入数据，浏览显示屏的信息，同时还要努力手动控制飞机。那些从地图应用获取路线提示结果却走错路的人也可以现身说法：

计算机自动化如何引发工作量的突然增加。开车的时候玩智能手机可不是件容易的事。

　　我们了解，有时候自动化可能会造成悲剧，最糟糕的是，当工人已经有许多任务要完成时，自动化反而可能增加工作的复杂性。计算机起到了辅助作用，降低了工人的出错率，但最终人类很可能会像被电击的老鼠一样，做出错误的决定。

The Glass Cage

How Our Computers Are Changing Us

第五章

白领的计算机

The Glass Cage

How Our Computers
Are Changing Us

2005 年夏末，位于加利福尼亚州的兰德公司的研究人员公布了一项激动人心的预测，展现了美国医学的发展前景。他们已经完成了"迄今为止对电子医疗数据潜在益处最细致、最全面的分析"。研究人员宣告，如果医院和医师实施病例记录自动化，美国医疗系统"每年能节约超过 810 亿美元，同时，还可以提高医疗质量"。智囊团的首席科学家表示，兰德公司对"计算机仿真模型"所带来的资金节约和其他益处的估计，清楚地表明"政府和其他为医疗埋单的人是时候积极推广医疗信息技术了"。研究人员公布了一份后续报告，对这次研究进行了详细介绍，报告的最后一句强调，人们应该具有忧患意识，"现在要开始行动了"。

兰德公布研究报告时，人们对医疗计算机化的热情高涨。早在 2004 年，乔治·W·布什就颁布了一份总统行政命令，推行《医疗信息技术采用倡议》（*Health Information Technology Adoption Initiative*），计划在 10 年内，实现美国范围内大部分医疗记录的电子化。2004 年年末，联邦政府拨款数百万美元作为资金支持，鼓励医生和医院出资购入自动化系统。2005 年 6 月，美国卫生部组建了一个由政府官员和业内高管组成的特别小组，帮助推动电子病历的普及。

将电子病历的预期收益变成现实，并反映在具体的数值上，兰德的研究让人感到兴奋的同时也增加了支出。正如《纽约时报》后来报道的那样，这项研究"帮助推动了电子病历产业的爆炸式发展，鼓励了联邦政府为采用电子病历系统的医院和医生提供数十亿美元的财政刺激"。2009 年，宣誓就职后不久，巴拉克·奥巴马就援引兰德的研究数据，宣布分配 300 亿美元，作为额外的政府资金，用于补贴电子病历（EMR）系统的普及。这引起了一大波投资热潮，大约有 30 万名医生和 4 000 多家医院从这次华盛顿盛宴中受益。

2013 年，奥巴马总统宣誓就职，开始了他的第二届任期。与此同时，兰德公布了一份有关医疗领域信息技术前景的新报告，同以往的报告有所不同，激情洋溢不见了，取而代之的是自省和歉意。报告作者写道："虽然医疗 IT（信息技术）应用得到了推广，但是护理病人的质量和效率却没有得到很大的提升。针对医疗 IT 技术有效性的研究结果也是喜忧参半。更糟糕的是，美国医疗年均总开支已经从 2005 年的约 2 万亿美元上升至现在的约 2.8 万亿美元。"最大的问题在于，医生急于用纳税人的钱安装电子病历系统，而该系统存在"交互操作"问题。系统不能共享，这使得危重病人的数据被锁在某家医院某个医生的办公室里。兰德报告的作者表示，医疗IT的一大宗旨，是使"病人或提供者能随时随地获取健康信息"，但是现在的电子病历采用专属格式和协议，"对个别医疗系统存在偏好"。虽然兰德仍然对电子病历的发展寄予厚望，但他们也承认，原始报告中提到的"美好的愿景"并没有完全实现。

其他研究也证明了兰德最新报告得出的结论。虽然近几年电子病历在许多国家已经很普及，例如英国和澳大利亚，在美国也得到了普及，但电子病历的优势仍是个未解之谜。2011年，英国公共医疗研究员对最近公布的超过100项计算机化医疗系统研究进行了广泛调查。调查结果显示，在病人看护和安全方面，电子病历的"理论优势和实际优势存在很大差距"。研究人员发现，为推广计算机化医疗系统而进行的研究是"不堪一击且前后矛盾的"，并且，"没有足够的证据可以证明该技术具有一定的成本效益"。至于电子病历，研究人员表示，现有的研究尚不全面，只能"对基本的预期收益和风险得出经验性的结论"。其他研究人员的评价也并不乐观。卫生与人力资源服务部也公布了一份2011年的研究综述，该综述指出"近来的大多数研究均表明，采用医疗信息技术能带来可衡量收益"。但是，考虑到现有研究的局限性，研究人员认为"还没有确凿的证据证明，系统或某种医疗技术组件越先进，收益就会越大"。病历自动化能否大幅降低医疗成本、改善病人的身体状况，至今还没有有说服力的实证支持。

但是，从手写病历向电子病历转变的过程中，无论医生或病人有没有获得好处，提供电子病历系统的公司确实从中获利。塞内公司是一家以医疗软件套装为主营业务的公司，在2005~2013 年，该公司的收益从 10 亿美元增长到 30 亿美元，翻了 3 倍。塞内公司碰巧是为 2005 年兰德原始研究提供资金支持的 5 家公司之一。其他赞助商，包括通用电气和惠普等，也从医疗自动化中获得了很大利益。现在的系统漏洞百出，但是，为了解决交互操作问题和其他系统缺陷，人们会对系统进行替换或升级，在这一过程中，信息技术公司将从中谋取大量利益。

电子病历的副作用

这种情况非常普遍：人们急于安装某种未经测试的计算机新系统，特别是有时候技术公司和分析师会对新系统大肆推崇，但是安装以后，购买者总会对新系统感到非常失望，而卖家则从中获取了巨大利益。这并不是说新系统肯定一无是处。新系统可以修复漏洞、优化特点、降低成本，即使是过度炒作的系统最终也会为公司节省大量资金，特别是降低了雇用员工的人力资本。（当然，当商人花纳税人的钱而不是自己的钱进行投资时，带来丰厚回报的可能性更大。）电子病历和相关系统的应用很可能再度开启这一历史模式。医生和医院继续推行电子病历，其他辅助性措施（例如政府的大量补助）源源不断，某些领域可能会产生大量可证的效率增益，医疗质量也会提升，当需要多名专家协作诊疗时，这种优势尤为明显。现在，医疗行业确实存在患者数据碎片化和孤立化的问题，而设计精良的标准信息系统有助于解决这一问题。

草率地对未经测试的软件进行投资不仅仅是一则警示寓言，兰德原始报告以及该报告的影响都给我们带来了很深刻的教训。例如，我们应该总是以批判的态度来审视"计算机仿真模型"的种种推测。仿真也是简化，它们无法完全复制真实的世界，产品经常会反映产品设计者的偏好。更重要的是，报告的内容以及后续影响反映出，这种替代神话深深影响了社会对自动化的认识和评价。兰德研究人员预计，安装系统时会遇到技术挑战和人员培训的问题，除此之外，从手写向电脑编写医疗报告的转变将是一片坦途。医生、护士和其他护理人员将实现从手动到自动的转变，实际的医疗工作并不会发生很大改变。2006 年，一组医生和学者在《儿科学》（*Pediatrics*）杂志上发表了一份报告，该报告指出，事实上，计算机可以"深刻改变病人的就诊流程"。"虽然计算机化能提高安全性和就诊效率，改善病患护理，但也会破坏工作流程，带来负面影响和意想不到的后果，会使情况变得更糟。"

兰德研究员完全醉心于这个替代神话，除了电子病历的优点，并没有充分考虑该技术可能造成的负面影响——许多对自动化影响的预测都被这一负面问题所困扰。过度乐观的分析会导致过于乐观的政策。医生兼医学教授杰尔姆·古柏曼和帕梅拉·哈慈本德对奥巴马政府的补贴政策进行了挖苦、批评，他们认为兰德 2005 年的报告"完全忽略了电子病历的缺点"。前人对电子病历取代纸质病历的优势也进行了研究，并没有什么收获，而兰德对此也置若罔闻。人因专家本应该预测到，兰德认为自动化会替代人类的预测是错误的，但还是浪费了纳税人的钱，并受了误导，安装了这些软件。

　　电子病历系统可以记录病情、分享就诊记录。此外，大多数系统融合了决策支持软件，在会诊和检查期间，计算机屏幕会显示检查清单和提示，为医生提供指导和建议。医生填写电子病历信息，信息会被传送到医疗实践系统或医院的管理系统中去，自动生成账单、处方、检查项目和其他表格或文件。不过，存在一个意料之外的问题：同安装软件之前相比，采用电子病历后，医生给病人开出的账单越来越贵。在检查的过程中，医生会填写一张表格，表格会列出系统自动推荐的诊断项目，医生可以考虑是否采用——例如让糖尿病患者检查眼睛。医生可以点击复选框确认诊断项目，不仅能在病人就诊记录里添加纪录，还能在账单上增加一项新条目。诊断提示是很有用的工具，在极少数的情况下，这一功能有助于防止医生忽略某些重要的检查环节。但与此同时也会增加就诊的开销——系统商在销售宣传里对这一点直言不讳。

　　在没有软件提示的日子里，医生不会为一些细小的检查步骤额外收费。这些步骤被囊括在总的收费里。例如，算进就诊或年度体检的费用里。有了软件提示以后，所有项目都会自动添加到收费清单里。系统只是稍稍简化了一个步骤，使其更常规化，这种方式虽然细微，但影响深远，它改变了医生的行为。而事实上，虽然医生按照软件提示进行诊断通常会赚更多的钱，但这也是排斥系统判断的另一个原因。一些专家担心，金钱的诱惑过大。媒体就电子病历带来医疗费用意外上涨的问题进行了报道，为了回应这一问题，联邦政府于 2012 年 10 月开展了一项调查，意在确定新系统是否会引发系统账单过高，或者是否会带来明目张胆的医疗欺诈。2014 年，总监察办公室公布了一份报告，警告称"医疗服务人员使用电子病历软件会掩盖医疗记录的填写来源，扭曲记录信息，增加医疗收费"。

其他证据表明，电子病历会促使医生进行不必要的检查，最终会导致医疗成本的增加。2012 年，《健康事务》（*Health Affairs*）杂志刊登了一项研究，该研究表明，同不能直接获取历史诊断图像相比，如果医生能很容易地就从电脑上调取患者的 X 射线记录和其他诊断图像，那么，医生要求患者进行新的影像检查的可能性就更高。总的来说，借助计算机系统进行诊断的医生要求患者进行影像检查的比例为 18%，而不使用系统的医生进行影像检查的比例仅为 13%。人们普遍认为，电子病历可以让医生轻松快速地浏览之前的检查结果，降低诊断检查的频率。但是，正如这份报告的作者指出的那样，这项研究表明"可能真的存在负面影响"。研究人员表示，医生通过自动化系统可以轻松获取并回顾检查结果，"这可能会刺激医生进行更多的影像检查"。"在诊断尚不明确的情况下，原来医生需要在成像设备中搜寻结果，耗费很多时间，但现在医生只需敲几下键盘，天平就向进行新的检查倾斜了。"这又一次证明了自动化是如何改变人类的行为和完成任务的方式的，我们几乎无法预测自动化带来的改变，它可能同我们的预期完全相反。

惯性：剪切＋粘贴

同航空业和其他行业的情况类似，自动化进入医疗领域以后，其影响远远超出了成本效益问题。我们已经看到了，软件在乳腺X光片上标注的高亮改变了放射科医生解读图像的方式，可谓优缺点并存。计算机辅助诊疗系统越来越多地融入医生的日常工作，影响医生学习和决策的方式，甚至包括对病人的态度。

纽约州立大学奥尔巴尼公共卫生学院的教授蒂莫西·霍夫以使用电子病历的初级护理医师为对象进行了一项调查。该调查为霍夫所说的"技能退化"提供了证据，"技能退化"包括"临床知识减少"以及"对患者偏见的增加"。在2007~2008年，霍夫采访了78名医生，他们均来自纽约北部地区，在不同规模的医疗机构从事初级护理工作。其中，3/4的医生在日常工作中使用电子病历系统，大多数人表示，他们担心计算机会削弱医疗看护的全面性和针对性。借助计算机进行诊疗的医生告诉霍夫，他们会定期"剪切粘贴"样板文字，以此填写病人的问诊报告，然而，当他们口述或手写要点时，他们"更在意记录信息的质量和唯一性"。事实上，医生表示，手写和口述的过程就是一种"信号",迫使他们放慢速度,"好好考虑要表达的内容"。医生向霍夫抱怨说,电子病历中有许多雷同的描述,这会使他们对病人的理解趋于单一化,不利于他们"做出明智的诊治决策"。

医生们越来越倾向于文本的重复使用,或者可以称之为文字"克隆"。这是电子病历普及的必然结果。电子病历系统改变了临床医生记录的方式,就像几年前,文字处理程序改变了作家和编辑的工作方式一样。虽然传统的口述或手写病历的方式有很多优点,但是同剪切、粘贴、拖放、点击等简单快捷的方式相比,传统的方式速度太慢、复杂烦琐。斯蒂芬·莱文森医生曾经编写病历记录和医疗收费的标准教科书,他发现,有大量证据表明新的病历记录中存在生搬硬套以往记录的现象。斯蒂芬表示,医生用计算机记录病人的情况,"除了在描述病人主要病症的时候会做出专门的细微修改,其他地方几乎每一位病人都是完全一样的"。虽然在临床诊断上,这种"克隆描述没有任何意义",也"不能满足患者的需要",然而它快捷高效的特点已经使其成为默认的医疗记录方式。并且,最重要的是,因为复制的文本经常会包含一些检查步骤,会增加收费项目。

克隆的文本几乎没有什么删改。一位内科医生告诉霍夫,在一份典型的电子病历里,几乎所有的内容都是"模板化的"。"事实并不是这样。在我的记录里不是,其他医生的记录也不是这样。"克隆记录在医生间流传的同时,也付出了代价:病历的专属性和准确性降低了。这本是医生在工作中学习的重要途径，最终也消失了。霍夫写道，长久以来，阅读专家口述或手写的病历记录对初级护理医师来说一直大有裨益，不仅可以加深对个体患者的理解，还能熟悉"治疗方法、疗效、新的诊断方式"等方方面面的问题。现在，越来越多的病历是用以前的数据拼凑而成的，失掉了病历的精确性和原创性，降低了其作为学习工具的价值。

纽约贝尔维尤医院的内科医生丹妮尔·奥芙丽写过几本关于临床实践的书，讲述了在纸质病历向电子病历过渡的过程中出现的其他细微的损失。虽然，翻阅传统的医疗图表可能显得古老陈旧、效率低下，但通过这种方式，医生可以很快地对患者多年的疾病史有大概了解，这对后续的医疗诊断有非常积极的影响。事实上，计算机的信息越精确，医生的思维就会越狭窄。奥芙丽写道："从表面来看，所有病人都是一样的，无法分辨哪些患者接受了详细的检查，哪些患者只是来再开些药的。"计算机的界面相对死板，很多情况下，医生浏览患者记录只是为了搜索"最近两三次的就诊记录。实际上，之前的所有记录都被堆在一起，成了电子垃圾"。

近日，华盛顿大学附属医院针对纸质病历向电子病历的转变进行了研究，进一步证明了电子病历增加了医生在患者记录里搜索"有用"信息的难度。使用纸质病历时，医生可以通过不同医师的"笔迹特征"，快速定位关键信息。而电子病历采用统一的格式，就抹杀了笔迹的细微差别。除了搜索信息的问题，奥芙丽还担心电子病历的系统化会改变医生思考问题的方式："这一系统提倡碎片式文档，将患者各个方面的信息分别保存起来，相互之间没有联系，这样一来，医生就很难在脑中对患者形成整体的认识。"

哈佛医学院教授贝丝·劳恩认为，记录自动化将"第三方"引入了诊断室。2012 年，贝丝同她的学生戴龙·罗德里格斯共同撰写了一份见解深刻的报告，贝丝认为计算机"同患者争夺临床医生的注意力，这会对临床医生的医术造成影响，也会从根本上改变医患关系和沟通方式，造成医生职业角色的转变"。如果你的医生在为你诊断病情时一直敲计算机键盘，那么，你就可能或多或少地亲身经历了劳恩所描述的情景。研究人员正在搜寻实证证据，证明计算机确实通过某种重要的方式改变了医患的互动关系。美国退伍军人管理局医疗中心进行了一项研究，在就医的过程中，医生使用电子病历系统，患者认为"使用了计算机系统以后，医生同患者交谈、观察和检查的时间减少了"，并且就诊的"隐私"也有暴露的趋势。医疗中心的医生普遍赞同患者的判断。他们又进行了另一项研究，研究对象是以色列一家大型医疗组织。在该组织内，电子病历系统的使用率要高于美国，研究人员发现，在诊疗过程中，初级看护医生大概会花 25%~55% 的时间看计算机屏幕。超过 90% 的接受调查的以色列医生表示，电子病历"妨碍了他们同患者的沟通"。医生丢失了应该关注的焦点，在其他通过计算机完成的任务中，心理学家也观察到了这种注意力分散的现象。劳恩表示，"医生需要具备多任务处理能力，既使用计算机，又能关注患者的需要"，但是"需要同时处理多项任务又会分散医生的注意力"。

计算机入侵还存在另外一个普遍的问题。电子病历和其他相关系统可以在计算机屏幕上显示提示信息提醒医生，避免他们忽视某些问题或犯下危险的错误。例如，当医生开处方时，如果某些药品的组合会造成不良反应，软件就会将潜在的危险突出标注出来。但是，最终证明大多数的警告提示并不是必不可少的，反而同诊断关系不大，是多余的，甚至有的提示是完全错误的。软件开发商设置警告功能，与其说是为了避免病人受到伤害，不如说是为了使软件商洗脱法律的责任（计算机将第三方引入了诊断室，同时也带来了第三方的商业和法律利益）。研究表明，初级护理医师会习惯性地忽略90%的计算机警告，这种现象被称为"警告疲劳"。软件成了电子版的"狼来了"，医生干脆关掉了系统的警告功能，警告一跳出来，他们就立刻关掉，这样一来，即使偶尔出现正确的警告提示，也会被医生忽略。警告不仅侵犯了医患关系，也违背了它的初衷。

医学检查和会诊是复杂的、私密的人际交流方式，它要求医生对患者的文字语言和肢体语言具有移情敏感性，并且能够冷静理智地分析事实。要解开复杂的医学问题或疾病，临床医生必须仔细倾听病人的描述，同时，通过已经建立的诊断框架对病人的叙述加以引导和过滤。医生需要抓住患者病情的细节，推断普遍病状，并从阅读和经验中推断可能的诊疗方案，最关键的是在三者之间寻求平衡。在这个过程中，检查清单和其他决策指导是非常重要的辅助措施，在复杂或丝毫没有头绪的情况下，这些辅助措施能帮助医生梳理思路。但是，正如外科医生兼《纽约客》杂志撰稿人阿图尔·葛文德在《清单革命》（The Checklist Manifesto）中讲的那样，"系统管理的优势"不会否定"勇气、智慧和即兴创作"。优秀的临床医师总是会因"专业的胆识"脱颖而出。计算机自动化要求医生对模板和提示亦步亦趋，会扭曲医患关系。计算机系统会实现就诊流程化，关注有用的信息，但正如劳恩所说，也会"过早地缩小诊疗范围"，甚至在有些情况下，计算机系统会引发医生的自动化偏好心理，优先考虑系统评估结果，而不是就患者的实际情况做出判断，这最终导致误诊。医生的信息搜集开始"以'屏幕为主导'，医生滚动计算机屏幕，按照显示的问题询问病情，而不是根据患者的描述做出判断"。

　　劳恩认为，医生被计算机屏幕引导，而不是以病人的实际情况为依据，这对年轻的执业医生来说是非常危险的，因为这样一来，他们就丧失了获得隐性知识的机会，教科书和软件无法提供这些知识，它们是医学技术中最细微的、最具人类特点的一部分。从长远来说，隐性知识的缺乏可能还会对培养医生的直觉造成影响，在紧急情况或意外情况下，病人命悬一线，医生不能有条不紊地、谨慎仔细地考虑治疗方案，也不能通过模板搜集和分析信息，他们需要凭借直觉救治患者。此时，计算机帮不上什么忙。医生必须行动起来，立即做出诊疗决定。认知科学家对医师的思维过程进行了研究。他们认为，在紧急情况下，专业的临床医生不会进行有意识的推理，也不会按照固定的规则行事。他们根据已有的知识和经验，一下子就找到问题所在——有时候在几秒钟内就做出诊断，然后采取所需的救治措施。杰尔姆·古柏曼在《医生如何想》（*How Doctors Think*）中写道："医生将病情的关键信息集合起来，形成某种疾病的症状模式，或者患者染病后会出现的各种状况。"古柏曼表示，这种判断属于高级别技能，"思维和行动是不可分割的"。同其他的思维自动性一样，培养这种判断力，需要不断地实践，获得直接的、即刻的反馈。屏幕横亘在医生和病人之间，拉开了医生和患者之间的距离，要培养自动性和直觉的难度就增加了。

技术与工人

卢德党发动下层社会反抗机器，被镇压后不久，幸存的卢德党人就亲眼见证了他们的担忧变成了现实。在短短几年间，纺织和其他产品都经历了从手工生产向产业制造的转变。生产地点从家庭和村镇作坊转移到了大型工厂。为了确保劳动力和原料资源充足，尽可能地接近消费群体，这些工厂通常建在城市内部或分布在城郊地区。随着打谷机和其他农业设备的普及，推动了城市化的进程。在城市化的浪潮中，手工工人随着工作变动大规模地举家迁移。新建的工厂安装了最高效、最先进的机器，推动了生产力，但同时也弱化了机器操作员的责任和权限。技术手工业者沦为没有技术的工厂劳动力。

亚当·斯密早就认识到了，工厂专业化会导致工人技术退化。在《国富论》中，亚当·斯密写道："他们一辈子都在重复一些简单的操作，这些操作的功能通常是相同的或非常类似的，工人没有机会理解自己的工作，也没有机会锻炼创造力，在面对前所未有的困难时寻找应急策略。""因此，他们自然而然地就丧失了这些能力，并且大多数人会变得极其愚笨、无知。"亚当·斯密认为技能退化是不幸的，但这也是工厂生产效率提高不可避免的副产品。他曾举过一个非常著名的关于劳动分工的例子：原来，在一家生产大头针的工厂里，大头针高级工每制作一枚大头针都需要耗费很多精力。但是现在，几个没有技术的工人就取代了高级技工的工作。这些工人各自的任务非常有限："第一个人将金属拉成丝，第二个人将金属丝拉直，第三个人剪切金属丝，第四个人磨尖针头，第五个人磨圆针顶。要制作大头针的针顶需要两三道独立的工序，制作大头针的形状和漂白大头针是两项特殊工序，甚至将大头针插到纸里也算是一道工序，在这个过程中，制作一枚大头针大概可以分成18道不同的工序。"没有工人知道如何制作一枚完整的大头针，但是工人们负责各自专属的部分并协同工作，就可以大规模生产大头针，这比相同数量的手工工匠单独工作所制作的大头针的总数还要多。并且，因为工人不需要什么技能或训练，制造商可以从大批潜在劳力中雇用工人，避免了为专门技术支付额外费用。

亚当·斯密还注意到，劳动分工可以推动机械化，进一步弱化工人的技能。制造商将复杂的流程分解成一系列定义清晰的"简单操作"，这样一来，设计一台机器分项执行这些操作就相对简单了。工厂工人的分工可以作为机器的设计说明书。20世纪初，得益于弗雷德里克·温斯洛·泰勒的"科学管理"哲学，在工业领域内，工人的技能退化就已经非常明显了。泰勒同亚当·斯密的观点一样，相信"只有通过最少的人力完成工作"才能实现"最大繁荣"。泰勒建议厂方为每一位机器操作员提供严格的机器使用说明，说明应描述工人所有的身体和思维的活动。泰勒认为，传统工作方式最大的缺点在于赋予个人太多的主动性和空间。只有遵照"规则、定律和惯例"，实现工作流程的标准化，才能达到最优效率，而机器的设计恰恰体现了这一点。

可以把工厂机械化比作一个系统，在这个系统里，工人和机器紧密相连，组合成一个严格控制的生产单位，机械化的工厂代表着工程技术和效率的胜利。正如卢德党预见的那样，工人成了齿轮，不仅丧失了技术，还牺牲了自主权，而且不只是经济自主权。这一切都是真实存在的，汉娜·阿伦特在1958年出版的《人之境况》（*The Human Condition*）中写道："在整个生产过程中，手工工具一直是人类双手的仆人，但是机器就不同了，机器要求工人为它们服务，工人需要调整身体的自然规律以适应机器的机械运动。"技术推动了工具的进步（如果"进步"这个词是正确的），从提高工作能力的简单工具变成了限制人类的复杂机器。

20世纪后半叶，工人和机器的关系变得更为复杂。公司规模扩大，技术加速进步，消费者购买力爆炸式增长，随之而来的是，用工形式变得丰富，出现了新的职业。管理类、专业技术型和职员类的工作岗位激增，服务业就业市场也出现扩张。新的机器种类层出不穷，无论是工作中还是下班后，人们都在使用机器。泰勒主义的观点认为，要通过工作流程的标准化实现最优效率。虽然这种观点对企业运营产生了极大影响，但是在某些注重工人独创性和创造力的公司里，泰勒的观点并没有占得上风。像齿轮一样工作的员工不再是公司的理想员工。在这种情况下，计算机迅速扮演了双重角色，它肩负起泰勒所说的监控、衡量和控制工人工作的责任。公司发现，软件应用是实现程序标准化和预防差错的强有力的手段。当以个人电脑的形式出现时，计算机成了灵活的私人工具，赋予人们极大的主动权和自主权。计算机既是执行者也是解放者。

自动化不断普及，从工厂扩展到了办公室，与此同时，技术发展和工人技术能力下降之间的关联性也成为社会学家和经济学家激烈讨论的话题。社会学家哈利·布雷弗曼曾是一个铜匠，他在1974年出版了《劳动与垄断资本——20世纪劳动的退化》（*Labor and Monopoly Capital: The Degradation of Work in the Twentieth Century*），这本书的题目看起来很枯燥，但是内容颇富激情，将人们的争论推向了顶峰。回顾职业和工作场所技术进来的发展趋势，布雷弗曼认为，大部分工人都涌向了常规性工作，这种工作无须工人承担责任，没什么挑战性，也无法提供获取专业技能的机会。工人通常作为机器或计算机的附属品而存在。布雷弗曼写道："随着生产资本主义模式的不断发展，技术的概念变得模糊，工人的技能随之退化，而衡量技能的标准也缩水了，现在人们甚至认为在上岗前接受几天或几星期的培训，就可以被称为技术性工种，接受为期几个月的培训是非常苛刻的要求，而需要经历半年或一年培训的工作——例如计算机编程则会让人心生敬畏。"布雷弗曼指出，相比之下，典型的手工工匠需要经历至少 4 年的学徒生涯，经常还会持续长达 7 年之久。布雷弗曼的观点深刻、表述细致，他的论文得到了广泛传播。他从马克思主义的视角看待问题，迎合了 20 世纪六七十年代初激进的社会氛围，就像榫眼匹配凸榫一样。

并不是所有人都接受布雷弗曼的论断。许多人批评他的研究，指责他过分强调了传统手工工人的重要性，即使是在 18~19 世纪，传统的手工工人在劳动力中所占的比重也不是很大。除此之外，他们认为布雷弗曼过于重视蓝领工人在生产过程中所需的手工技能，而忽视了白领和服务岗位所涉及的人际交往技能和分析技能。后一种批评指出了一个较为严重的问题：人们尝试找出并解释经济领域内人类技能的变化，但这一切都会变得复杂。技能是一个非常模糊的概念，有许多种形式，并且我们没有衡量或比较技能的客观方法。18世纪的补鞋匠在工作台前修补鞋子，21世纪的营销人员通过电脑制订产品推广计划，我们能说前者的能力更强吗？我们能说粉刷匠拥有的技能比理发师多吗？如果造船厂的管道工丢掉了原本的工作，但在接受了一些训练后，找到了新的工作——修理电脑，那他在技术的梯子上是升高了还是下降了呢？这类问题需要一个合理的答案，这让我们可以暂时将这个问题搁置一旁。最后，关于技能退化趋势的争辩，只能囿于对价值的判断，更别提技能提高、重获技能或其他技能问题了。

但是，如果布雷弗曼和其他人的广泛技能转变理论注定具有争议性，那么，当我们将关注点转移到个别职业和专业上，眼前的图景就变得更清晰了。此类案例层出不穷，我们发现随着机器精密度的提高，需要人类从事的工作变得越来越少了。很多人都忘记了，关于自动化影响人类技能的实验有很多，其中哈佛商学院教授詹姆斯·布莱特在20世纪50年代进行的实验的严谨度最高。该实验的对象是一组工人，他们来自13个不同的行业，从发动机制造工厂、面包房到饲料加工厂。布莱特极其详尽地研究了自动化对工人的影响。通过案例研究，布莱特对自动化进行了详细的分级。简单的手工工具是第一级，其间可分为17个层级，位于最高层的是通过传感器、反馈回路和电子控制来调节自运行的复杂机器。随着机器自动化程度的提高，技能要求（包括体力、脑力、灵敏度和概念理解等）会发生变化，布莱特对此进行了分析，他发现只有在自动化最初阶段（引入电动手工工具的时候），技能要求会有所提高。但是，随着机器复杂程度的提高，自动化对技术的要求有所降低。最终，工人开始使用高度自动化的、自动调节的机器以后，技能要求急剧下降。布雷弗曼在1958年出版的《自动化和管理》（*Automation and Management*）中写道："看起来，机器的自动化程度越高，操作员的任务就越少。"

为了研究技能的退化过程，布莱特以金属工人为例子。当工人使用简单的手动工具，例如锉刀和切割机时，对工人的技能要求主要是工作知识，工作知识包括了解金属的质量和用途以及工人的身体灵敏度。引进了电动手动工具以后，工作的复杂性提高了，出错成本也随之增加。工人需要"更灵敏、更具决策力"、更专注。他成了一个"机械师"。机器可以完成一系列操作，例如铣床可以将金属块切割磨削成精确的三维立体形状，当机器取代了手用工具，工人的"注意力、决策力和控制责任被部分或大部分地削弱了"，也不再需要具备"机器功能、机器调整等技术性知识"。机械师成了"机器操作员"。当机器真的实现自动化——能通过编程实现自我控制，工人"对生产活动的贡献，无论是体力贡献还是脑力贡献都会减少，甚至没有贡献"。工人甚至不需要具备很多工作知识，因为这些知识已经通过设计和编码存储在机器里了。如果工人还需承担什么工作的话，也仅限于"巡视"了。金属工人变成了"看守人、监视器或帮工"，顶多算作是"机器和操作管理之间的联络员"。总之，布莱特总结道："自动化具有一定的进步意义，首先是将操作员从手动工作中解放出来，接下来，操作员不再需要耗费大量的脑力劳动。"

在布莱特的研究之前，企业主管、政客和学者普遍认为，自动化机器对工人技能和培训的要求更高。布莱特惊讶地发现，情况往往相反："并没有按照人们假设的那样出现升级效应。相反，更多的证据表明，自动化降低了对操作员的技术要求。" 1966 年，美国政府自动化和就业委员会公布了一份报告，在报告中，布莱特对他早期的研究进行了回顾，并讨论了在研究结束后的几年间技术的发展变化。布莱特表示，大型计算机在商业和工业领域的迅速普及推动了自动化持续快速发展。早期的证据显示，计算机的广泛使用非但没有阻止技术退化，反而起到了推动作用。布莱特写道："教训会越来越明了——高度复杂的设备不一定需要具有专业技术的操作员。'技术'可以内置在机器里。"

计算机的新技能

工厂里工人操作嗡嗡作响的机器，受过高等教育的专业人士在安静的办公室里通过触摸屏和键盘进入神秘的信息领域，这两者看起来没有什么相同之处。但是在这两个例子中，我们可以发现，人同自动化系统——另一方，共同承担某项工作。并且，布莱特的研究以及对自动化的后续研究均清楚地表明，无论是机器操作系统还是电子操作系统，系统的复杂程度决定了角色和责任的分配方式，以及所需的技能。机器的功能越来越强大，对工作的控制权也逐渐增加，工人专注培养高水平技能的机会在减少，例如理解和判断所需的专业技能。当自动化达到最高水平并控制了工作，技术熟练的工人将无路可走，只能退居其次。我们一定要注意，根据效率和质量的结果，人机结合劳动的直接产物可能凌驾于其他事物之上，但是人的责任和作用却被削弱了。科技历史学家乔治·戴森在 2008 年提出了这样一个问题："如果会思考的机器的诞生将以人的思考被剥夺作为代价，那将怎么办？"我们继续把分析和决策的责任转交给计算机，这个问题逐渐显现出来。

决策支持系统的功能越来越强大，它能引导医生的想法，接管部分医疗决策工作，这反映了计算领域近来取得的巨大进步。当医生诊断患者时，会从大量专业信息里提取所需的知识，这些信息都是他们通过多年的严格训练、实践学习以及阅读医学杂志和相关文献积累而来的。如今，虽然计算机能够复制深层的、专业的隐性知识，要真正做到这一点，难度还是很大的。但是，处理速度迅速提高、势不可挡，数据存储成本和网络成本大幅下降，人工智能技术（如自然语言处理和图像识别技术）取得突破性进展，这一切都使得天平向计算机倾斜。现在，计算机查阅和理解大量文本及其他信息的能力比过去要强得多。通过发掘数据之间的内在联系——被动发现或同时、相继自动出现的特征或现象，计算机经常能做出准确的预测。例如，根据病人的种种症状，判断该病人是否已经患有某种疾病，或计算该病人患病的概率，以及判断某种药物或治疗方法具有一定疗效的概率。

机器具有学习能力，例如决策树和神经网络，可以不断规范现象间复杂的统计关系。随着处理数据总量的增加，计算机会收到有关之前预测准确性的反馈，计算机可以通过自身的学习能力，根据反馈，对后续的决策加以优化，不同变量的权重比例越来越精确，可能性预测能够更好地反映现实状况。现在，就像人一样，随着经验的累积，计算机变得越来越聪明。部分计算机科学家认为，新的"神经形态"微芯片可以在电路中嵌入机器的学习协议，在未来几年，将大幅提升计算机的学习能力。机器的识别能力将得到增强。我们可能不希望计算机变得"聪明"或是具有"智慧"，但事实却是，虽然计算机缺少医生的理解力、移情和洞察力，但它们能够对大量的数字信息进行统计和分析，复制医生的许多判断——这就是逐渐被人们熟知的"大数据"。现在，数字处理机器具有强大的数字运算能力，这使得过去对"智力"含义的争辩失去了意义。

计算机的诊断技术只会越来越强。计算机收集和存储的个体患者的数据越来越多，这些信息以电子病历、数字影像、数字检查结果以及药房记录的形式出现，在不远的将来，还会有私人生物传感器读数和健康监控应用数据，计算机越来越擅长寻找事物之间的联系，对概率的计算也会精确到前所未有的程度。模板和指导将越来越全面、详细。现在，医疗效率的提高带来了许多压力，我们很可能会看到泰勒提出的最优化理论和标准化理论占据整个医疗领域的局面。用号称基于实证的机器输出的统计数据替代人类的临床判断已是大势所趋，并且具有强劲的增长势头。如果没有全面的管理规定，软件会越来越多地接管诊断和治疗的控制权，这样一来，医生面临的压力就会越来越大。

客观、准确地说，医生们可能很快就会发现，他们扮演了人类传感器的角色，收集信息，帮助电脑做出决策。虽然医生负责为病人做检查，将数据输入计算机，形成电子病历，但诊断病情和提出治疗方案的任务却由计算机主导。计算机自动化沿着布莱特提出的机器等级理论节节爬升，而医生的技能则注定要一步步退化。过去，技能退化只困扰工厂工人，而现在，医生也在某种程度上面临这一问题。

医生并不是特例。计算机对精英行业的入侵正在四处蔓延。我们已经看到了，专业系统可以预测风险和其他可变因素，影响了公司审计员的思维方式。其他金融类职位，从信贷员到投资经理，都要依靠计算机模型做出决策。现如今，计算机和程序员相互通联，控制了华尔街的大部分业务。尽管华尔街的公司经常缔造利润新纪录，但是2000~2013年，纽约市的证券交易员骤减了1/3，从15万人降至10万人。一位金融产业分析员向彭博社记者透露，经纪公司和投行的最高目标是"实现系统的自动化，摆脱交易员"。至于现在在岗的交易员，"他们的工作不过是点击计算机屏幕上的按钮罢了"。

上述情况不仅出现在简单的股票和证券交易方面，复杂的金融工具的组合和交易也是如此。技术分析员、前投资银行家阿什维尼·帕拉梅斯瓦兰表示："银行已经尽了很大的努力，来减少金融衍生品定价和交易所需要的技能和专业知识。交易系统大幅升级，将尽可能多的知识嵌入软件。"预测算法甚至已经进入了风险投资领域，这是金融业的最高殿堂，顶尖的风险投资人员一直以自己卓越的商业和创新嗅觉为傲。著名的风险投资公司，例如铁石集团和谷歌风投，现在都在使用计算机从记录中挖掘企业的成功模式，依此进行相应的投资决策。

法律领域也存在类似的趋势。多年以来，律师通过计算机在法律数据库里搜索资料，准备文件。而今，软件在律师办公室里的地位逐渐提高。原来，初级律师和律师助手通过传统的方式搜集资料，他们需要阅读大量的信函、电子邮件和记录，而现在，这一道关键工序已经大部分实现了自动化。计算机可以在数秒内对上千页的电子文档进行阅读和分析。通过具有语言分析算法的电子搜索软件，机器可以找到相关的单词和短语，还能识别出连锁事件、人物关系，甚至个人情感和动机。一台计算机就能取代几十名高薪专业员工。文件准备软件也得到了优化。律师通过填写简单的检查事项，就可以在一两个小时内整理出一份复杂的合同，而原来这可要花上好几天的时间。

更大的变革即将到来。法律软件公司正在着手开发统计预测算法，通过分析数千个过往案例，这种算法能提供庭审策略建议，例如审判地点的选择或和解协议条款等，成功率很高。

很快，软件就将拥有判断力，到目前为止，高级诉讼律师要具备一定的经验和洞察力才能做出判断。斯坦福大学的法学教授和计算机科学家于 2010 年创立了法律机器（Lex Machina）分析公司，对即将发生的事情进行预测。该公司的数据库存储了超过 15 万的知识产权案例，他们借助计算机，对法庭、首席法官、参与诉讼的律师、诉讼当事人、相关案件结果以及其他因素进行分析，预测在不同的情境下，专利案可能出现的结果。

预测算法也将逐步取代企业家的决策。现在公司每年在"人员分析"软件上花费数十亿美元，实现雇佣、薪酬和晋升决策的自动化。施乐公司完全依靠计算机进行招聘，筛选出 5 万名电话中心工作人员。应聘者需要坐在电脑前进行一个半小时的性格测试，招聘软件会立即给出分数，这个分数将反映应聘者未来的工作表现、工作可靠性和坚持工作的可能性。公司向得分较高的应聘者发放入职通知，对于得分较低的应聘者，只能说再见了。UPS[①]使用预测算法为司机绘制每日的行车路线。零售商借助预测算法，决定货架上商品的最佳布局。营销商和广告公司利用预测算法，决定发行广告的时间和地点，并在社交网络上发送推广信息。经理们渐渐发现，他们扮演了软件帮手的角色。对于计算机做出的计划和决策，他们会简单检查一下，然后就不假思索地予以通过。

有一个具有讽刺意味的故事。在 20 世纪最后的 10 年里，

① UPS是美国联合包裹速递公司。——编者注

经济的重心从物质商品转变为数据流，在这一过程中，计算机给信息工作者带来了新的身份和财富。他们以操控屏幕上的标记和符号为生，成了新型经济的主角，而此时，长期以来支撑中产阶层的工厂工作被转移到了海外，或是交由机器人去完成。20世纪90年代末出现了互联网泡沫，在那几年里，经济一片欣欣向荣，财富从计算机网络涌出，进入个人经纪账户，似乎开启了一个充满无限经济机会的黄金时代——技术推动力被打上了"长期繁荣"的标签。但是美好的日子转瞬即逝。现在，我们发现，正如诺伯特·维纳预测的那样，自动化并没有厚此薄彼。计算机擅长分析符号，解析管理信息，也能向工业机器人发号施令。软件甚至夺走了那些复杂的计算机系统操作员的工作，例如数据中心，就像工厂一样，不断提高自动化的程度。如谷歌、亚马逊和苹果这样的公司操控的大型服务器群组，基本可以实现自运行。虚拟化作为一种工程技术，通过软件复制硬件（如服务器）的功能，正是得益于这项技术，人们可以通过算法监控设备的运行，并能在几秒钟内自动检测并解决网络问题和应用程序的小故障。意大利媒体学者提出了"劳动智能化"的概念，很可能20世纪末的"劳动智能化"只是21世纪"智力自动化"的序幕。

我们很难预测，在模仿人类视角和判断的征程上，计算机到底能走多远。根据计算机近来的发展趋势推断，这一切可能只是空想。但是，即使我们不认同大数据狂热分子夸张的鼓吹，认为基于关系的预测和其他形式的统计分析在应用性和实用性方面还存在种种局限，有一点却很明确：计算机离突破这些局限还差得远呢。2011年年初，IBM的超级计算机Watson彻底打败了两名顶尖选手，获得了智力竞赛节目的冠军，那一刻，我们看到了计算机分析技术的未来。Watson解读线索的能力惊人，但是按照当时人工智能程序的标准来看，计算机的胜利并不是个意外。事实上，计算机在庞大的文档数据库里搜索可能的答案，然后同时从多条推测路径进行预算，最终确定可能性最高的正确答案。但是，计算机运转得非常快，以至于它能在一些需要技巧的比赛，如知识问答、文字游戏和记忆力比赛中战胜聪明的人类选手。

Watson标志着实用新型人工智能的成熟。回顾20世纪五六十年代，数字计算机还是个新事物，许多数学家、工程师、心理学家和哲学家认为，人类大脑应该像数字计算机器那样工作。他们将计算机比作人类大脑，是一种思维模型。这样一来，创造人工智能就顺理成章了：首先得到大脑内运行的算法，然后将这些程序转变为软件代码。然而，仅仅做到这些还不够。最初的人工智能以悲剧收场。结果证明，不管大脑如何运行，我们都不能将其简化成计算机算法。现在，计算机科学家正在采用另外一种完全不同的方法研究人工智能。起始阶段，这种研究方法可能不会显示出强劲的势头，但是效果更好。研究人员不再以复制人类的思维过程为目标——这仍然超出了我们的知识范畴，而是复制人类思维产生的结果。科学家们注重思维的特殊产物。例如人员雇用决定或知识竞赛的答案，然后编写计算机程序，用计算机独有的无意识的计算方式，得到同人类思维相同的结果。虽然 Watson 的工作原理和人类参加智力竞赛时思维的运转方式完全不同，但是 Watson 还是能取得较高的分数。

20世纪30年代，英国数学家、计算机先驱阿兰·图灵在写博士论文的时候萌发了"预言机"的想法。这种计算机通过"不确定的方式"，应用显性规则获取存储的数据，它能回答的问题通常需要运用人类的隐性知识才能解答。图灵想知道"是否可能移除直觉，但保留智慧"。为了进行这项关于思维的实验，图灵假设机器进行数字运算的能力是无限的，运算速度也没有上限，可以承载无穷多的数据。图灵表示，"我们不设定需要多少智慧，所以假定智慧是无穷尽的"。同往常一样，图灵具有预见性，他知道算法内部隐藏着智慧，并预测借助计算机的高速运算，算法将发挥它的智慧。但是当时，很少有人同他持有相同的观点。计算机和数据库总是存在局限性，但是在某些系统（例如 Watson）中，我们发现，预言机真的来了。原来这只是图灵的设想，现在工程师们将其变成了现实。智慧正在取代直觉。

Watson 的数据分析智慧已经投入使用，肿瘤学家和其他医生借助数据分析技术诊断病情。IBM 预测，接下来，这项技术将应用于法律、金融和教育等领域。如 CIA（美国中央情报局）和 NSA（美国国家安全局）之类的情报机构也在对数据分析系统进行测试。如果说，谷歌的无人驾驶汽车体现了计算机的新技能——复制人类的思维活动，使得计算机具有同人类相同的、甚至超越人类的驾驶技能，那么，Watson 则证明了，计算机已经掌握了另外一项新技能——复制人类的认知能力，计算机可以同我们一起在符号和思维的世界里遨游，甚至已经赶超了我们。

数据和算法的缺陷

但是，复制思维的产物并不等同于复制思维。图灵强调过，算法永远也不能完全替代人类的直觉。有意识的推理无法得出"直觉判断"，这种无意识的判断不会消失。从文件中搜寻事实证据，或在数据阵列中解析统计模式并不是人类智慧的体现。在实际生活中，我们善于观察、积累经验，从中获取知识，依靠自身的理解力将所得的知识同丰富的、流动的世界编织在一起，从而完成各项任务，从容应对挑战。人类具有灵活的思维、有意识或无意识的持续性认知、推理能力和灵感，正是这些特质让我们可以进行抽象思考，可以批判地看问题，能够运用比喻，进行推测，变得聪明，这些可以极大地开发人类的逻辑能力和想象力。

多伦多大学的计算机科学家兼机器人专家赫克托·莱韦斯克举了一个例子，这是一个简单的问题，人类可以马上给出答案，但计算机却无法理解：

　　一个大球撞翻了桌子，因为它是由聚苯乙烯泡沫塑料制成的。

　　谁的原料是聚苯乙烯泡沫塑料？是大球还是桌子？

　　我们不用多想就能给出答案，因为我们知道聚苯乙烯泡沫是什么，知道当一个东西撞到桌子上时会发生什么，知道桌子是什么样的，知道形容词"大"有什么隐含意义。我们了解题目发生的场景，理解描述问题的文字。但计算机缺少对世界的真实体会，会觉得这个问题描述的过于含混，无从下手。计算机被囚禁在算法里。莱韦斯克表示，计算机的智慧局限于对大型数据集的统计和分析，虽然"系统具有出色的性能，但也只是个白痴学者"。计算机可能很擅长象棋、智力竞赛、面部识别或其他特别有限的思维活动，但"在其他情况下就完全束手无策了"。计算机拥有超凡的精确度，但这也正是它们感知力的有限性的体现。

　　即使是面对概率性问题，计算机也并不是完美无瑕的。计算速度和准确性可以掩盖基本数据的局限性和数据失真的问题，此外，数据挖掘算法本身还存在一定缺陷。任何大型数据集都存在真假关系混杂的问题。计算机很容易被某种巧合误导，或是生成虚假联系。更严重的是，当某个数据集成为重要决策的依据，数据和数据分析方法很可能会出现误差。为了在金融、政治或社会领域获取利益，人们决定跟计算机系统赌一把。社会科学家唐纳德·T·坎贝尔在 1976 年发表了一篇著名的文章，他在文中解释说："社会决策所使用的社会定量指标越多，导致误差的压力就越大，对于所监测的社会进程，计算机出现数据失真和误差的可能性也就越大。"

因为数据和算法存在缺陷，专业人士或我们这些普通人很容易产生自动化偏好，这是十分危险的。维克托·迈尔·舍恩伯格和肯尼思·库克耶在 2013 年共同出版了《大数据时代》（*Big Data*），他们在书中写道："即使我们有合理的理由怀疑分析存在偏差，我们也会无意识地被分析结果束缚。""或者，我们会把某些本不属于数据的功劳记到它的名下。"关联计算算法存在一种特殊的风险，原因在于，这种算法依靠以往的数据对未来进行预测。大多数时候，未来会遵循之前的事例，按照预想的路径发展。但是在某些特殊的情况下，实际发展会偏离既定的模式，这时算法的预测就不准确了——这是事实，已经给某些高度计算机化的对冲基金公司和相关机构带来了灾难性的影响。虽然计算机有许多优点，但它们缺乏常识性知识，这仍让人颇感担忧。

微软研究员凯特·克劳福德提出了"数据原教旨主义"的概念。有些人类技能是计算机无法模仿的，我们越是拥护"原教旨"，就越容易低估这些技能的价值——我们赋予了软件太多控制权，反而限制了自己获取专业知识的能力。这些知识能让我们不依靠直觉，创造性地看问题，但这些知识需要通过亲身经历才能获得。电子病历给我们带来了诸多影响，有些是我们未曾预料到的，这些影响表明，模板和公式必然会减少，这两者太容易束缚人类的思维。美国佛蒙特州的医生兼医学教授劳伦斯·威德被称为电子病历之父，他从 20 世纪 60 年代以来就一直极力倡导医生使用计算机，以此帮助他们做出正确的、有根据的医疗决策。虽然如此，威德还是警告称，医疗界现在存在"滥用统计知识"的问题，"这会逐步排挤掉那些病人看护所必备的个性化知识和数据"。

研究心理学家加里·克莱因主要研究人类决策问题，他对此深感担忧。他指出，基于证据的医学迫使医生遵照既定的规则行事，"会妨碍行医的科学性"。如果医院和保险公司"强制使用 EBM（循证医学）系统，并且威胁如果没有按照最佳的医疗范例进行治疗，出现任何不良后果都将面临法律起诉，那么医生就不会愿意去尝试没有通过随机对照实验评估的治疗方案了。一线医生集合了医学专业知识和研究精神，如果一线医生在实际探索和发现方面受到阻碍，那么科学进步也就无法实现"。

如果我们不加以注意，脑力劳动自动化会改变智力的本质和关注点，并终将侵蚀文化的根基：我们理解世界的欲求。预测算法非常擅长挖掘关联性，却毫不关心特征和现象的根本原因。但是，它们对动因的解析——小心翼翼地解开事情发展的方式和原因，加深了人类对事物的理解，并最终为我们搜寻知识的行为赋予了意义。如果从职业和社会的角度来看，我们认为概率自动计算就已经足够了，那么我们很可能丧失或至少弱化寻求进一步解释的欲望和动机，在沿着通往智慧和奇迹的迁回道路上，我们也不再冒险前行。如果计算机能在一两毫秒内吐出"答案"，我们还有什么可担忧的呢？

在 1947 年发表的文章《政治理性主义》（*Rationalism in Politics*）中，英国哲学家迈克尔·奥克肖特生动地描述了现代理性主义者："在他的思维世界里，没有空气，没有四季变换，气温恒定不变；思维的种种过程尽可能地同外部影响隔绝，虚无缥缈。"唯理主义者不关心文化或历史，他们不培养或展示个人观点。他们的思想理论仅凭借"将经历的复杂性和多样性快速简化成公式"而闻名。我们可以把奥克肖特的话作为对计算机智能化的最好描述：非常实用、高产，完全没有好奇心、想象力和物欲。

The Glass Cage

How Our Computers Are Changing Us

第六章

当世界只剩下屏幕

The Glass Cage

How Our Computers
Are Changing Us

伊格卢利克小岛位于北加拿大努勒维特地区梅尔维尔半岛的附近海域。冬天的时候，这座小岛会让人迷失方向。小岛冬季的平均气温在–20℃左右，厚厚的海冰覆盖了周围的海水，长期不见太阳。虽然这里环境艰苦，但是 400 多年来，因纽特猎人总是会离开家园，冒险到这个小岛上来。他们横穿数英里的海冰和冻土，寻找北美驯鹿和其他猎物。1822 年，英国探险家威廉姆·爱德华·帕里在日记中提到，他的因纽特人向导具有"惊人而准确的"地理知识。从那以后，人们发现，因纽特猎人能够在广袤荒凉的北极地带行进，这里没什么地标，积雪带不稳定，足迹一晚上就消失了，猎人这种探路能力让许多航海家和科学家为之震惊，这种能力并不是来自强大的技术——他们不使用地图、指南针或其他工具，而是基于对风向、雪堆形状、动物行为、星星、潮汐和洋流的深入了解。因纽特人是洞察事物的专家。

或者，他们至少曾经是这方面的专家。在千禧年之交，因纽特文化发生了变化。2000年，美国政府撤销了多个对民用全球定位系统的限制。GPS设备的价格下降了，同时，精确性却得到了提升。伊格卢利克猎人已经用雪地摩托车替代了狗拉雪橇，开始依靠计算机地图和指引进行探路。年轻的因纽特人特别渴望新技术。过去，年轻的猎人必须拜年长者为师，作为学徒刻苦学习很长一段时间，培养探路能力。而现在，年轻猎人不必再接受训练，他们购买价格低廉的GPS接收器，将导航任务交给GPS仪器去完成。并且，在一些恶劣的天气条件下（如浓雾），他们也能出门打猎，这在以前是无法实现的。自动导航设备简单、方便、准确，这让因纽特人的传统技能显得麻烦和过时了。

但是，随着GPS设备在伊格卢利克普及，关于严重的捕猎事故的报道也开始出现，有些事故甚至导致了人员伤亡。事故的原因多归结于猎人对卫星的过度依赖。当接收器失灵或电池结冰时，猎人不具备强大的探路能力，他们很容易在茫茫荒原中迷路，暴露在恶劣的环境下，进而遇险。甚至在某些情况下，即使设备正常运转，也会给猎人带来危险。卫星地图详细地标注了路线，这会限制猎人的视野。他们相信GPS的指引，在危险的薄冰上快速行进，越过悬崖，或进入其他危险的环境，有经验的探险者会预料到这些危险，并有意避开。我们可以通过改进导航设备或提供更好的使用说明来最终解决部分问题，但有一点无法弥补，那就是部落长者所说的"因纽特人的智慧和知识"。

渥太华卡尔顿大学的人类学家克劳迪奥·阿波塔多年来一直从事因纽特人研究。他在报告中表示，虽然卫星导航的优势颇具吸引力，但是，随着这项技术的普及，人们的探路能力已经退化了，更广泛地来说，这项技术弱化了人类对陆地的感知。坐在装有GPS的雪地摩托上，猎人将注意力全都集中到计算机发出的指令上，他没有注意周遭的环境。阿伯塔说，猎人是在"蒙着双眼"前行。数千年以来，这项非凡的技能定义并区分了因纽特人，而现在，这项技能可能会在一两代人内消失。

真正的女神——GPS

我们的世界诡异、多变、危险。任何一种动物要在这个世界上行走，都需要在精神和身体方面付出极大的努力。多年以来，人类一直在创造工具，以此减轻旅行的负担。历史同其他事物一道记录了人类发现创造性新方式的历程，这些新技术可以使我们在周围环境内自如穿行，走得更远，可以跨越那些令人生畏的距离，而不会迷失方向，不会遇到危险或被其他动物吃掉。最开始只是简单的地图和标记，随后是星图、航海图和地球仪，再后来，人们发明了各种仪器，例如测深锤、象限仪、星盘、指南针、八分仪和六分仪、望远镜、沙漏和时计。灯塔沿海岸线分布，浮标散落在沿海水域。道路变得平坦，两侧竖起了指示标志，高速公路实现互联，并且不断增加。对于大多数人来说，我们已经很久不用依靠智慧去探路了。

　　GPS接收器和其他自动化的地图和路线制定设备是最近才进入导航工具阵营的。它们给人类增添了新的担忧。早期的导航辅助工具，特别是普通大众能使用并负担得起的设备，仅仅起到辅助作用。它们的设计初衷是让旅行者对周围的世界有更好的认识——增强方向感，对危险做出预警，突出周围的路标或其他方向标识，总的来说，无论是在熟悉还是陌生的环境下，旅行者都能泰然处之。卫星导航系统可以完成上述的所有工作，除此之外，还具有其他功能。但是，卫星导航系统的初衷并不是为了让人类更好地了解周围的情况，它反而免去了了解周围情况的需要。我们控制导航技术，仅局限于遵照路线指示行动——在500码①处左转，下一个出口出去，靠右走，前方就是终点。无论是仪表盘、智能手机还是GPS专用接收器，他们上面搭载的系统都最终把我们同环境隔离开来。康奈尔大学的研究人员在2008年发表了一篇论文，指出"有了GPS以后，你不再需要知道你在哪儿，你的目的地是哪儿，也不用注意沿途的物理路标，或者向车里或路上的人寻求帮助"。导向标识系统的自动性使我们不能再"在穿梭的过程中感受这个世界"。

　　各种各样的小设备和服务经常可以简化我们的生活，廉价版GPS设备的到来让我们欢欣鼓舞。《纽约时报》撰稿人戴维·布鲁克斯在2007年的专栏中发表了一篇名为"外包大脑"

---

① 1码≈0.91米

（*The Outsourced Brain*）的文章，反映了大众的观点，他表示，新车上的导航系统让他倾倒："我很快就迷上了我的GPS。我很喜欢她那冷静的带点英式发音的声音。看着她细细的蓝色线条，我感到温暖而安全。"他的"GPS女神"将他从多年的导航"苦差事"中"解放"出来。但是，他也不情愿地承认，车载女神带给他的解放是有代价的："几个星期以后，我发现我到哪儿都离不开她了。只要同平日的路线有些许偏差，我就会把地址输入到她的系统里，然后按照她根据卫星做出的指令，欢快地上路。我发现，我原来的地理知识很快就消失得一干二净了。"布鲁克斯写道，便利的代价是丧失"自主权"。女神也是个妖妇。

我们想把计算机地图看作具有交互性的高技术纸质地图，但这是一种错误的想法。这是替代神话的另一种表现。传统的地图为我们提供背景环境。我们能对一个地区有总体的认识，需要自己找出所在位置，然后制订计划或在脑中设想到达下一站的最佳路径。是的，纸质地图需要我们费些工夫——好的工具总是这样。但是脑力劳动有助于大脑对某一地区形成自己的认知地图。研究表明，阅读地图有助于加深我们的地域感，锻炼导航能力——这样即使是在手边没有地图的情况下，我们也能轻松地穿梭往来。我们并没有意识到，在某个城市或乡镇辨别方向时，我们唤起了对纸质地图的潜意识记忆，然后确定路线，以到达目的地。有一项实验揭示了这一点，研究人员发现，只有在面向北方时，人的方向感才最强烈——这同地图的指向一致。纸质地图不仅引领我们穿梭于各地，还教会我们如何对空间进行思考。

而计算机同卫星连接所生成的地图则大不相同。这类地图通常很少提供空间信息或导航线索。我们不用弄清楚所在位置，GPS设备将我们设定为地图的中心，然后让整个世界围着我们转。在这个前哥白尼宇宙观的小型仿制品里，我们不需要知道现在所处的位置，之前到过哪里，或是将要朝着哪个方向前进。我们只需要提供一个地址、一个十字路口、某栋大楼或商店的名称就够了，然后设备依靠这些信息规划路线。德国认知心理学家尤利娅·弗兰肯施泰因研究思维的方向感，她认为很有可能"我们越是依赖科技探路，我们自身构建认知地图的能力就会越差"。她解释说，因为计算机导航系统仅仅给出"最基本的信息，没有整个地区的空间背景"，这样一来，大脑没有接收到原始资料，就无法形成丰富的场所记忆。"依靠有限的信息形成认知地图，就如同用几个音符创作乐曲一样"。

其他科学家也赞同她的观点。英国的科学家经研究发现，同依靠卫星系统获取全程路线指示的司机相比，使用纸质地图的司机对路线和地标的记忆更为牢靠。旅行结束后，使用地图的旅行者能更准确、清晰地勾画出路线图。研究人员表示，这一发现"有力地证明了，使用车辆导航系统会对司机形成认知地图产生负面影响"。犹他大学的科学家对司机进行了一项研究，证明GPS使用者存在"无意视盲"现象，这会影响他们的"寻路表现"和对周围环境形成视觉记忆的能力。使用GPS的行人也会遇到同样的问题。日本的科学家进行了一项实验，研究人员要求实验对象前往多个位于市内的目的地。一半的实验对象配有手持GPS设备；另一半则使用纸质地图。同持有GPS设备的实验对象相比，使用纸质地图的人选择的路线更直接，较少绕弯路，停下来的次数也较少，他们对所到之处形成的记忆也更清晰。在这之前，一项关于德国路人在动物园中探险的实验也得出了类似的结论。

艺术家兼设计师莎拉·亨德伦根据在某个陌生城市参加会议的经历总结道，现在人们非常容易对计算机地图形成依赖感——这会造成大脑的寻路功能短路，阻碍我们对某个地点形成地域感。她回忆说："我发现，我每天都依靠带有语音提示的手机地图，按照同样的路线往返于宾馆和会议中心之间，而这段路只有 5 分钟的路程。""原本在生活的大部分时光里，我都非常依赖自己的感知，但我却主动关闭了它：我不去记忆路标、路线、街道和路途中自己的感受。"她担心"将多模式的响应能力和记忆外包出去"，会"使自己所有的感官体验"枯竭。

迷失方向

乱了方向的飞行员、卡车司机和猎人的故事都证明，导航敏锐度的缺失会带来可怕的后果。在日常生活中，我们大多数人每天就是开开车、走走路或是在附近转转，不会意识到自己其实身处危险的境地。这显然就会引出一个问题：谁会在意人类的导航能力？如果我们能够到达目的地，那么，是保护自身的导航意识还是将探路的任务交给机器，真的还重要吗？伊格卢利克岛上年长的因纽特人可能有理由认为GPS技术是一种文化悲剧。但是，我们生活的陆地上，虽然道路相互交错，但都设有清晰的标识，道路两旁有加油站、汽车旅馆和7–11超市，我们早就丧失了探路的习惯和非凡的探路能力。我们原本具有识别和理解地形的能力，特别是自然地形，但现在这种能力已经被大幅削弱。进一步弱化或完全丧失探路的技能似乎并不是什么大事，特别是作为交换，我们可以通过其他更方便的方式进行导航。

但是，虽然在保护人类导航能力的问题上我们不再拥有文化筹码，但它仍同我们每个人息息相关。我们毕竟是地球生物，而不是计算机屏幕上沿着蓝色细线前进的抽象的圆点。我们是真正的人类，以真实存在的躯体生活在现实的场所里。虽然要了解一个地方需要花些工夫，但这个过程最终会给我们带来满足感和知识。我们会获得个人成就感和自主权，不仅仅是路过某个地点，而是拥有家一般的归属感。无论是浮冰上的驯鹿猎人还是城市街道上四处寻找便宜货的路人，"寻路"都使陌生的地方变得熟悉。当有人说起"寻找自己"时，我们会嘲笑他们。但是，无论这种比喻多么苍白或陈旧，它都表明，"我们是谁"这个深深根植于人类内心的问题和"我们在哪儿"纠结在一起。我们不能把自己从周围环境中抽离出来，至少不能抛弃一些重要的事情。

我们从一个地方到达另一个地方，GPS设备极大地简化了行程，尽可能减少了途中的麻烦事，让生活更加简单，可能正如戴维·布鲁克斯说的，我们沉浸在一种麻木的快乐中。但是，如果我们总是求助于GPS设备，它们将偷走我们在了解世界的过程中所获得的快乐和满足感——同世界融为一体。苏格兰阿伯丁大学的人类学家蒂姆·英戈尔德对这两种具有极大差异的出行模式进行了对比：徒步和借助交通运输工具。他认为，徒步"是人类存在在这个世界上的最基本的方式"。徒步者融入自然风景，体验世界的本质和特征，在"移动的过程中，行为和感知紧密相连"。徒步是"一个不断成长和发展的过程，是一种自我提升"。而相较之下，借助交通运输工具"从本质上来说，则以目的地为导向"。与其说是"沿着生命的轨迹"去发现的过程，不如说仅仅是"人和货物从一个地点到另一个地点的过程，基本属性没有受到任何影响"。在移动的过程中，人的移动没有任何意义。"更确切地说，身体是交通工具，人是自己身体里的乘客。"

同交通运输相比，徒步相对麻烦费事，效率比较低，这是就为什么自动化会把徒步作为目标。谷歌地图部门主管迈克尔·琼斯表示："如果你的手机里安装了谷歌地图，那么，你就能到达地球上的任何地方，我们有信心，谷歌能为你提供前往目的地的安全、便捷的路线提示。"因此，他宣称："人们不会再迷路了。"这听起来确实很吸引人，好像彻底解决了某些生存的基本问题。这符合硅谷对软件的迷恋心理：软件可以帮助人们摆脱生活的"摩擦"。但是，如果进一步思考这个问题，你就会意识到，永不迷路是一种错位的生活状态。如果永远也不必担心身在何处，那么你也永远不需要知道你现在的位置。我们生活在一种依赖的状态下，生活在手机和应用程序的牢笼里。

各种各样的问题会给我们的生活带来问题，但它们也是一种催化剂，让我们对自身的处境有更全面的认识和更深刻的理解。2011 年，作家阿里·舒尔曼在《新亚特兰蒂斯》（*New Atlantis*）上发表了"GPS 和路的尽头"（*GPS and the End of the Road*）一文，舒尔曼在文中写道："有时，为了到达某一地点，我们需要自己探寻前进的路线。但是，如果我们选择了逃避，不管是何种方式，我们都失去了到达目的地的最佳方式——由此可以推论，我们也封锁了到达其他地方的道路。"

这可能也会对其他事情造成影响。在理解大脑如何感知、记忆空间和地点方面，神经科学家取得了一些突破，强调了导航能力对人类的思维和记忆的重要作用。20 世纪 70 年代，伦敦大学进行了具有划时代的意义的研究，研究中，约翰·奥基弗和乔纳森·陀思妥洛夫斯基（Jonathan Dostrovsky）将老鼠关在封闭的区域内，观察在移动过程中老鼠大脑的反应。老鼠对环境渐渐熟悉以后，每次通过特定地点时，海马体的个体神经元（大脑的一部分，对记忆的形成起到关键作用）就会发生反应。科学家将这种位于关键部位的神经元称为"定位细胞"，在其他哺乳类动物的大脑内（包括人类）也发现了这种细胞，它可以被看作大脑用来标明领地的指示牌。你每到一个新地方，不管是城市的广场还是邻居家的厨房，大脑的这片区域都会通过定位细胞快速做出标识。就像奥基弗解释的那样，不同的感官信号（包括视觉信号、听觉信号和触觉信号）都会激活定位细胞，"当动物进入了某一环境，定位细胞就会察觉到这一点并进行标识"。

2005 年，由爱德华·莫泽和梅·布里特·莫泽夫妇领衔，多名挪威神经学家组成了研究小组。他们研究发现，在制图、测量和空间导航的过程中存在另外一组神经元，他们将这组神经元命名为"网格细胞"。这些细胞位于内嗅皮质，内嗅皮质紧挨着海马体。网格细胞在大脑内形成精确的空间地理网格，由一组规则分布的等边三角形组成。莫泽夫妇将这一网格比作大脑里的坐标图，在上面可以追踪动物的移动轨迹。虽然位置细胞能绘制出具体的位置，但网格细胞可以形成更抽象的空间地图，不论动物走到哪儿，这个空间地图都保持不变。网格细胞为定位推测提供了内在感知。（许多哺乳动物的大脑里都有网格细胞。最近有些实验在人类大脑里植入电极，发现人类也拥有这种网格细胞。）定位细胞和网格细胞协同工作，从其他监控身体方位和动作的神经元获取信号，用科学作家詹姆斯·戈尔曼的话来说："就像一个内置的导航系统，是动物知道现在所处地点、未来所去方向、过去曾到之处的关键。"

大脑的专用细胞可以用于定位导航，也能广泛参与记忆的形成过程，特别是关于事件和经历的记忆。事实上，奥基弗、莫泽夫妇和其他科学家已经开始创建相应的理论，证明记忆的"思维旅行"和在现实世界中行走这两种行为受控于同一个大脑系统。2013 年，《自然神经科学》（*Nature Neuroscience*）杂志上发表了一篇文章，文中爱德华·莫泽和他的同事捷尔吉·布扎基提供了大量的实验证据，表明"神经机制通过进化发展，可以定义地标之间的空间关系，也能用于表示物体、时间或其他事实信息之间的联系"。我们借助这些联系，编织了对生活的记忆。很可能，大脑的导航感——测定并记录空间内物体运动的古老的、复杂的方式，是所有记忆进化的源头。

如果源头枯竭了会发生什么？这个问题让人恐惧。我们的空间感随着年龄的增长而退化，而最糟糕的情况就是完全丧失空间感。阿尔茨海默症起初最明显的症状之一就是海马体和内嗅皮质的退化，进而丧失对地点的记忆能力。患者开始忘记他们所在的位置。薇若妮卡·鲍伯特是加拿大蒙特利尔市麦吉尔大学的研究精神病学家兼记忆专家，她通过研究证明，人们锻炼导航技能的方式会影响海马体的功能甚至大小，这可能会防止记忆退化。人们越是努力地构建空间认知地图，底层记忆回路就会越强大，这会促进海马体中灰质的增长——伦敦出租车司机就存在这种现象，这同锻炼身体以塑造肌肉群类似。但是，鲍伯特警告称，如果人类单纯依靠"机器人式的"全程指示，就无法"刺激海马体"，这样一来，出现记忆力退化的概率就会增大。鲍伯特担心，如果不使用大脑的导航功能，海马体就会开始萎缩，可能会导致记忆力大幅退化，增加罹患阿尔茨海默症的风险。她接受采访时表示："社会正在通过各种途径弱化海马体，我认为，在未来的 20 年里，阿尔茨海默症的发病年龄会越来越提前。"

虽然，在户外开车或行走的时候，我们可以使用GPS设备，但是，在楼内或GPS信号没有覆盖的地方，我们仍需要依靠自己的大脑去探路。从理论上来说，室内导航这种思维活动有助于保护海马体和相关神经回路的功能。可能在几年以前，这会让我们备感欣慰，但是今时不同于往昔。软件和智能手机公司渴望获得更多行踪数据，根据人们的位置，极力争取更多机会发送广告和其他信息，因此，这些公司急于将计算机地图工具的范围扩展到室内，如飞机场、商场和办公楼。谷歌公司已经将上千份建筑平面图融入自家的地图服务，并派街景地图摄影师进入商店、办公室、博物馆甚至修道院拍摄图像，以此创制高度细化的地图和封闭空间的全景图像。2013 年年初，苹果收购了室内地图公司WiFiSlam。这家公司发明了一项技术，不使用GPS传输系统，而是通过附近的无线网络和蓝牙信号确定位置，误差在几英寸之内。很快，苹果就将这项技术同iBeacon①功能结合起来，内置到 iPhone 和 iPad 里。iBeacon 发送端分布在商店里或其他地方，就像人工定位细胞一样，只要人一进入划定范围内，发送端就会被激活。这预示着，《连线》

---

① iBeacon 是基于当前最新的蓝牙低功耗 4.0 技术的，可以用它来打造一个信号基站，当用户持有 iOS（苹果公司的移动操作系统）设备进入该区域时，就会获得基站的推送消息。——编者注

杂志所说的"微定位"追踪技术诞生了。

室内地图将会加深我们对计算机导航技术的依赖，并进一步限制了人类依靠自己的能力探路的机会。随着个人平视显示器的普及（例如谷歌眼镜），我们将可以立即轻松地获取全程提示信息。就像谷歌的迈克尔·琼斯说的那样，我们接收到"连续指令"，引导我们到达任何想去的地方。谷歌和梅赛德斯奔驰已经准备好共同合作开发一款应用，将眼镜同司机的嵌入式GPS元件相连，实现汽车制造商所说的"门对门导航"。GPS女神在我们耳边低语提示，或是将信号投射到视网膜上，这样一来，我们几乎就用不着思维地图这项技能了。

鲍伯特和其他研究人员强调，还需要进行许多研究，才能确定长期使用GPS设备是否会弱化我们的记忆力、增加衰老的风险。但是，随着我们对导航、海马体和记忆这三者之间联系的理解逐渐加深，我们完全有理由相信，对所处位置和目的地的无知，会给我们带来一些未曾预料的影响，并危害健康。记忆不仅可以让我们回想起过去的事情，还能对正在发生的事情做出明智的回应，并为未来制订计划，记忆功能的任何退化都将降低我们的生活质量。

经历了数十万年的进化，我们的身体和思维已经适应了周围的环境。生活塑造了我们，正如诗人华兹华斯在这两行诗句中描述的那样：

日月变换间，我们在陆地上，

同岩石、石块和大树一起，循环往复。

探路功能的自动化使我们远离了塑造我们的环境，让我们观察并操控屏幕上的符号，而不是去亲身实地体验。数字之神乐于助人，让我们把劳动看成件苦差事，但这些劳动却可能是健康、欢乐和幸福的源泉。所以，"谁会在意"可能并不是我们应该关注的问题，我们应该扪心自问的是"我们想离这个世界多远"。

越来越聪明的计算机

多年以来，大楼和公共空间的设计师都一直被一个问题困扰。如果说飞行员是第一个实现全面计算机自动化的职业，那么，建筑师和其他设计师紧随其后。20世纪60年代初，麻省理工学院年轻的计算机工程师伊万·萨瑟兰发明了革命性的绘图软件应用——Sketchpad，这是第一个采用图形用户界面的程序。Sketchpad为CAD[①]的到来做好了准备。20世纪80年代，CAD程序走进了个人电脑，此后，自动绘制二维图画和三维模型的设计应用得到了普及。很快，CAD软件成了设计师的必备工具，更不用说产品设计师、平面设计师和土木工程师了。但是，正如麻省理工学院建筑学院已故院长威廉姆·J·米切尔指出的那样，到了21世纪末，"无法想象没有CAD技术的建

---

① CAD即计算机辅助设计。——编者注

筑将会是什么样子的，就像没有文字处理软件的写作一样”。新的软件工具改变了设计的流程、特点和形式，现在也是一样。从建筑业近几年的历史，我们可以看到自动化对创意工作的影响。

建筑设计是一项优雅的职业，它结合了艺术家对美的追求和工匠对功能的关注，同时还需要对金融、技术和其他现实约束具有敏感性。意大利建筑师伦佐·皮亚诺表示，“建筑处于艺术和人类学之间，是社会和科学、技术和历史的交叉”。伦佐·皮亚诺是巴黎蓬皮杜艺术中心和曼哈顿纽约时报大厦的设计师。“有时是人文主义，有时是唯物主义。”设计师的作品结合了想象思维和计算思维，通常情况下，即使不是完全矛盾的，这两种思维也体现出一种紧张的关系。大部分时间里，我们大多数人生活在人类设计的空间里——此时，相比于大自然，我们更适应人类构筑的世界，无论是个体还是集体，我们都会受到建筑的影响，虽然有时这些影响会被我们忽略。优秀的建筑师可以改善人们的生活，而拙劣或平庸的设计师则会降低生活质量，甚至贬低生活的价值。即使是一些小细节，例如窗户或通风孔的大小和位置，都会给建筑的美观、实用性和效率造成很大影响，还会影响生活的舒适度和居住者的心情。温斯顿·丘吉尔曾经说过：“我们建造大楼，然后大楼会反过来塑造我们。”

虽然在检查设计尺寸的时候，计算机生成的方案会滋生人们的自满情绪，但设计软件通常会提高建筑事务所的效率。

CAD系统能提高建筑文档的生成速度，简化生成流程，方便设计师同客户、工程师、承包商和政府官员共享设计方案。现在，制造商可以借助设计师的CAD文件编写机器人程序，制造建筑组件，提供定制性更强的材料，也能避免数据输入、复核等耗时的步骤。借助CAD系统，建筑师可以对复杂的项目有一个全面的认识，包括平面设计图、立视图、材料以及各种保温和智能系统、电力系统、照明系统和给排水系统。CAD系统可以立即体现出设计的波纹效应，纸质设计方案则无法实现这一点。计算机能够将所有的变量都纳入计算，利用这一功能，建筑师能准确地预测出不同情况下建筑的能效，现在建筑业和整个社会都对建筑能效问题给予前所未有的高度关注。细致的计算机3D效果图和动画可以表现建筑的内外部设计，用处非常大。在开始施工之前，客户就可以通过虚拟化程序在建筑内部游走或是从空中俯视建筑。

除了这些实际的优点，CAD计算和视觉化功能具有高速和准确的特点，使得建筑师和工程师可以对新的建筑形式、建筑形状和建筑材料进行测试。原来只能想象的建筑物现在正逐步变为现实。弗兰克·盖瑞设计了音乐体验馆。这座位于西雅图的博物馆看起来就像是太阳下正在融化的蜡雕。如果没有计算机，这一设计方案将无法实现。虽然盖瑞用木头和硬纸板做出了原始设计的物理模型，但是仅仅依靠手工模型，无法体现建筑物那种复杂的、流动的外形。这就需要强大的CAD系统——CAD系统最初由法国达索公司开发，主要致力于喷气式飞机的设计，这一系统可以对模型进行数码扫描，将设计的奇思妙想通过一组数字呈现出来。建筑材料种类繁多、形状各异，因此，材料的制造和装配也需要实现自动化。博物馆的不锈钢和铝制立面由数千张面板复杂相连构成，CAD程序计算出面板的尺寸，然后直接输入计算机辅助制造系统，系统根据这些数据切割面板。

盖瑞一直活跃在建筑领域的技术前沿，但是他的手工建筑模型开始略显陈旧。年轻的建筑师使用计算机绘图、制作模型越来越熟练，CAD软件从一个将抽象设计转变为具体方案的工具，发展成了自动生成设计的工具。参数化设计技术越来越流行，这种设计方法借助算法在不同设计元素之间建立起正式的联系，把计算机的计算能力作为设计的中心。建筑程序通过电子表格或软件脚本，向计算机内插入一系列数学法则或参数，例如窗户大小和房屋面积的比例、曲面矢量等，然后，让机器输出设计。这项技术最具冲击力的一点就在于，可以通过算法自动生成建筑形态，而不需要设计师手动创作。

同其他新的设计一样，参数设计带来了一种新的建筑风格——"参数化主义"。"参数化主义"的灵感来源于数字动画的几何复合体和狂热的、冷漠的社交网络集体主义，它拒绝传统建筑的整齐有序，倡导自由流动的、具有巴洛克风格和未来感的建筑形态。一些传统主义者认为参数化主义只是一股品位极低的热潮，用纽约建筑师迪诺·马尔坎托尼奥的话来说，参数化主义的作品只不过是"不明形状的一团物体，通过计算机，不费吹灰之力就能设计出来"。建筑作家保罗·戈德伯格在《纽约客》上发表了一篇文章，对"参数化主义"提出了较为温和的批评。他指出，虽然"波形线条、弯曲和扭曲"的数字设计看起来很吸引人，但是"除了自己（计算机产生的现实）以外，它们与其他所有事物都没有联系，是孤立的"。但是一些年轻的建筑师认为，和其他形式的"计算机设计"一样，参数化主义定义了我们这个时代的建筑特色，是这项职业的核心动力。在 2008 年的威尼斯建筑双年展上，著名的伦敦扎哈·哈迪德事务所理事帕特里克·舒马赫，发表了名为"参数化主义宣言"（*Parametricism Manifesto*）的文章，他宣称"参数化主义是继现代主义以来最伟大的新的建筑风格"。舒马赫表示，正是得益于计算机，不久，建筑的结构将由"辐射波、层流和螺旋涡"构成，就像"流动的液体"，"建筑群"将"在景观中流淌"，和"动态的人类身体"相呼应。

不管这种和谐的建筑群落是否能够成为现实，对参数设计的争议确实引发了人们对 CAD 问世以来建筑行业发展状况的自我反思。从一开始，人们就对设计软件的热潮心怀疑虑和担忧。许多世界著名的建筑师和建筑学者都警告称，过度依赖计算机会限制设计者的视野，造成技能和创造性的退化。伦佐·皮亚诺就是其中之一，他认为计算机已经成为建筑必不可少的元素，但是他也担心，设计师交给软件完成的任务太多了。虽然自动化可以让建筑师快速地制作出精确、完整的 3D 设计，但是，机器的高速和精确性也会缩短麻烦、费力的探索过程，这一过程通常会带来最具启发的、最有意义的设计。屏幕上显示的设计作品具有一定的魅力，但这种魅力可能只是个假象。皮亚诺表示："你知道，计算机越来越聪明，这有点像钢琴，你按一个键，它就会演奏出恰恰和伦巴的曲子。你可能弹得很糟糕，但你觉得自己仿佛是个优秀的钢琴家。这一点在当今的建筑领域也同样适用。你可能发现，按个按钮你就能造出任何东西。但是，建筑并不只是想象，有时是一个缓慢的过程。你需要花费一定的时间。计算机的缺点就在于它让所有事情都发展得太快了。"建筑师兼评论家维托尔德·雷布琴斯基也提出了类似的观点。他虽然赞扬技术的大飞跃，认为技术改变了职业，但是，雷布琴斯基认为"计算机强大的生产力需要我们付出一定的代价——我们敲击键盘的时间越多，思考的时间就越少"。

设计师的忧虑

建筑师总是认为自己是艺术家，在CAD出现之前，建筑师的艺术源泉是绘画。徒手画的草图同计算机渲染的图画类似，两者都具有明显的交流功能。绘画为建筑赋予了强烈的视觉性，可以用于同客户或同事分享设计创意。但是绘图不只是表达想法的方式，它是一种思维方式。现代派建筑师理查德·麦科马克表示："我无法想象，除了绘画，我还剩什么。我把绘画作为批判和发现的过程。"绘图在抽象思维和有形事物之间建立起了联系。著名的建筑师兼产品设计师迈克尔·格雷夫斯解释说:"绘图不仅仅是最终产物,也是建筑设计思维过程的一部分。""绘图体现了思维、眼睛和双手之间的互动。"哲学家唐纳德·舍恩说得再好不过了:建筑师同他的绘画作品进行"反省对话",这一对话也具有物质性,也是同建筑材料的交流。双手、双眼和思维来来回回地相互给予和索取,最后形成了某种想法,创意的火花开始慢慢从想象领域进入这个世界。

有经验的建筑师拥有一种直觉,他们认为草图在创意思维中处于中心地位。这种直觉是通过对绘图的认知基础和影响进行研究后得来的。纸版草图能扩展工作记忆能力,有助于建筑师牢记各种不同的设计选择和变化。同时,绘图是一项身体活动,需要强大的视觉关注点和谨慎从容的肌肉活动,这也有助于长期记忆的形成。在尝试新的设计方案时,绘图可以帮助建筑师回忆之前绘制的草图,想起草图背后的创意。格雷夫斯解释说:"绘图的时候,我会记住所绘的内容,它会不断提醒我最初要通过绘画记录的想法。"通过绘图,建筑师可以在不同细节和不同抽象概念之间快速转换,同时从多个角度思考设计方案,并从整体上权衡设计细节变化可能带来的影响。英国设计学者奈杰尔·克罗斯在他的《设计师式认知方式》(*Designerly Ways of Knowing*)一书中写道,通过绘图,建筑师不仅可以实现最终设计,还能找出问题的根本所在:"我们已经看到了,草图既绘制出了尝试性的解决方案,又融合了数字、符号和文字，设计师将他对设计问题的理解同可能的解决方案联系起来。绘制草图既能探索问题空间，也能一并拓展解空间。"克罗斯总结道，在天才建筑师手里，画板成了"智慧的放大器"。

绘图更应该算作是一种手动思考方式。它同大脑具有相同的感知能力，对双手和大脑都具有依赖性。绘制草图就像打开思维中存储着隐性知识的密室，这是一个神秘的过程，是艺术创造的关键，仅通过深思熟虑是很难完成的。舍恩表示，"设计知识主要是隐性的，要在行动中获取"。设计师"能（或只能）通过实践出真知"。虽然使用软件在计算机屏幕上进行设计也是一种实践行为，实际上却大不相同，软件设计更侧重工作的条理性——对建筑的功能要求进行合乎逻辑的思考，探寻不同的建筑元素之间的最佳组合。计算机就像亚里士多德所说的"工具中的工具"，它降低了手的参与度，限制了任务的物质性，使得建筑师的感知域变得狭窄。舍恩表示，CAD软件输出的内容是"符号化的、程序化的"，替代了笔尖或碳棒画出来的简单、具体的形象，"同真实的设计相比，可能会不够完整、不够充分"。GPS屏幕没有为因纽特猎人带来大量的感官信号，反而弱化了猎人的技能，让他们在北极迷失了方向。CAD软件也是如此，它限制了建筑师对作品物质性的感知和理解。世界倒退了。

2012年，耶鲁大学建筑学院举办了名为"绘图消亡了吗？"的研讨会。这个主题言简意明，反映了人们日渐加剧的担忧：

计算机会淘汰建筑师手绘草稿的能力。许多建筑师认为，从画板到屏幕的过渡使他们丧失了创造力和冒险性。正是由于屏幕渲染的精确性和完整度，在电脑前工作时，设计师的视觉和认知很可能都被局限在设计的初期阶段。手工绘图具有试探性和模糊性，会带来很多具有启发意义和探索性的乐趣，但是使用计算机以后，设计师就无法体会这种乐趣了。研究人员将这种现象定义为"不成熟的定位"，其产生原因在于："一旦CAD模型快速融合了大量细节和连通性，设计就会一成不变。"依靠计算机的设计师，也有可能牺牲表达性，而侧重条理性实验。迈克尔·格雷夫斯表示，CAD软件弱化了建筑师"同作品的个人情感联系"，其制作出来的设计"虽然具有自己特有的复杂性和趣味性"，通常也会"缺少手绘设计的情感色彩"。

2009年，芬兰著名建筑师尤哈尼·帕拉斯马出版了《思考的双手》（*The Thinking Hand*）一书，这本书极具说服力，表达了类似的观点。帕拉斯马认为，人们越来越依赖计算机，设计师很难想象出建筑的人类特性——设计方法同建筑建成后人类的居住方式相同。然而，手绘草图和手工制作模型"设计的建筑具有相同的物态——设计材料和表现形式"，计算机操作和图像只存在于"数学化的、抽象的非物质世界里"。帕拉斯马认为，"计算机图像的精准度具有虚假性，并且存在明显的局限"，会妨碍建筑师的美学感受，导致最后的设计虽具有炫目的技术，但情感贫瘠。帕拉斯马指出，用钢笔或铅笔绘图时，"手沿着物体的轮廓、形状和图案移动"，但若是用软件处理模拟图像，则"通常需要从给定的符号里选出不同的线条，这样就无法同物体产生触觉或情感的联系"。

关于使用计算机进行设计的问题，人们仍将争论不休，正反双方都会给出具有说服力的证据和论证。设计软件也将继续发展，可能会解决现在数字工具存在的某些局限性。但是无论未来会怎样，建筑师和其他设计师的经历都已经证明，计算机不会成为毫无影响的中立工具。无论如何，它都会影响人们工作和思考的方式。软件有其特定的程序，可以简化某些工作，也可以加大一些工作的难度，而程序的使用者将渐渐适应软件的这些例行程序。机器的功能限定了工作的特点、目标和评判标准。只要设计师或艺术家（或其他人，在这一点上）对程序产生依赖性，就会对程序编写者形成先入之见。这时，她（他）重视软件已有的功能，并认为软件力所不能及的事是不重要的、不相关的，或者直接认为软件是无所不能的。如果她（他）不能适应软件，就很有可能面临被边缘化的危险。

除了程序特征以外，工作从人类世界向计算机屏幕的过渡也表明，人类的认知发生了深刻的变化，更强调抽象性，而轻视物质性。计算机的计算能力不断增强；人类的感知能力却逐渐下降。精确度和清晰性战胜了尝试性和模糊性。Arch11 是位于科罗拉多州博尔德市的一家小型建筑事务所，其创立者 E·J·米德高度赞扬了设计软件的高效率。但同时，米德也担心流行软件（如Revit和SketchUp）的规范性太强。设计师只需要输入墙、地面或其他表面的数据，点击一下按钮，软件就能生成所有的细节，自动绘制出每一块面板、混凝土块、瓷砖，还有各种支撑物、保温隔热、砂浆、灰浆等。米德认为，建筑师的工作和思考方式最终会趋同，他们设计的建筑物也不再会有什么新奇之处。他曾说："翻阅 20 世纪 80 年代的建筑杂志时，你仿佛看到了每一位建筑师的双手。"现在，你看到的则是软件的功能，"你能从最终的设计作品中看到软件技术的痕迹"。

同医疗领域的人类同胞一样，许多有经验的设计师对此非常担忧。他们认为，人们对自动化工具和程序的依赖越来越严重，这样一来，学生和年轻的设计师就很难领略到建筑的精妙之处。迈阿密大学的建筑学教授雅各布·布里哈尔特认为，软件（例如Revit）会提供一些设计捷径，这会侵蚀设计师的"学习过程"。依靠软件填写设计细节，指定建筑材料，"只会导致乏味的、懒惰的、平庸的设计，缺少智慧、想象力和情感"。布里哈尔特还指出，同医生的经历一样，建筑界正在蔓延一种"剪切粘贴"文化，年轻的建筑师"从办公室的服务器上找到以往设计项目的细节信息、正面图和墙剖面图，将它们组合起来"。学习和获得知识之间的关系正逐步瓦解。

创意性职业面临着危险，设计师和艺术家被计算机超人的速度、精确性和效率所迷惑，最终，他们会理所当然地认为自动化是最佳创作方式。面对软件强加给他们的交易，他们会毫不犹豫地答应下来。在这条道路上，他们一路下滑，毫无抵抗。如果有那么一丁点儿的抵抗或摩擦，也许都会让他们创作出最好的作品。

肉体中的思维

政治科学家兼摩托车机械师马修·克劳福德曾说过:"如果要真正了解鞋带,你就得自己去绑鞋带。"这个例子非常简单,却体现了一个深刻的道理。2009 年,克劳福德出版了《塑造灵魂的手艺课》(*Shop Class as Soulcraft*),书中提到:"如果思维和行动是相连的,那么要完全了解这个世界,理智点儿来说,就应该依靠切实的行动。"克劳福德借鉴了德国哲学家马丁·海德格尔的理论,海德格尔认为,我们能获得的最深层的理解"不只是感性认知,而是操作、使用和处理事物,这些行为具有自己的'知识'"。

我们可能会认为,脑力劳动和体力劳动是不同的,或者两者之间存在矛盾——我承认在本书的前几章里我也阐述了这样的观点,但这只是人们自以为是的论断,毫无意义。所有的工作都是知识工作。木匠和保险精算师的大脑思维一样,富有生气且忙碌。建筑师对身体和感官的依赖程度同猎人一样。其他动物遵循的原理对人类也适用:思维不是封装在我们的头颅里,而是遍布全身。我们不只用大脑思考,也通过眼睛、耳朵、鼻子、嘴、四肢和躯干进行思考。并且,当我们使用工具扩展能力范围时,也可以借助工具进行思考。美国哲学家、社会改革者约翰·杜威在 1916 年发表言论称:"思考或获取知识的过程同不切实际的空想不同，通常需要借助双手、双脚以及各类设备和装置，同我们大脑内部的变化一样重要。"行动即是思考，思考即为行动。

我们的希望将大脑的思考从身体活动中剥离开来，这表明，笛卡儿的二元论仍然影响着我们。对思维进行研究时，我们会在大脑内部的灰质区内快速定位思维和我们自己，把身体的其他部分看作支持生命的机械系统，保持神经回路的正常运转。笛卡儿和柏拉图等先贤哲学家只是对二元论进行了猜想，但思维和身体相互分离、独立运转的理论确实对人类意识产生了副作用。虽然在无意识的阴影下，思维做了大量的幕后工作，但我们只能从有意识思维开启的那一扇小而明亮的窗户，窥见思维的运作。并且，我们的意识一口咬定，它同身体是分离的。

加州大学洛杉矶分校的心理学教授马修·利伯曼认为，这种二元猜想源自我们的大脑分区：思考身体和思考思维时所调用的大脑区域不同。"当你思考身体和身体行为时，你调用了右半脑外表面的前额区和顶区，"利伯曼解释说，"但当你对思维进行研究时，调用的是大脑中部的前额区和顶区，这一部分连接了左右半脑。"当我们运用大脑的不同区域处理所经历的事情时，意识思维会将这些经历归属于不同的类型。利伯曼强调，虽然思维—身体二元论这个"根深蒂固的错觉"没有反映出真实的"本质差别"，但是它仍具有"直接的心理现实性"。

随着我们对自身理解的加深，我们越来越能意识到这种"现实性"是多么具有误导性。在现代心理学和神经科学领域，"具身认知"①是趣味性最强、启发性最大的研究课题。现在，科学家和学者证明了约翰·杜威在一个世纪以前的观点：大脑和身体的构成物质相同，并且，它们的工作原理也相互交织在一起，其关联程度远远超出了我们的想象。"思考"的生物过程，不仅源自大脑的神经计算，也来自于整个身体的运动行为和感官知觉。爱丁堡大学的思维哲学家安迪·克拉克对具身认知进行了广泛研究，他解释说："有证据表明，例如我们说话时做出的物理动作确实降低了大脑的认知负荷，此外，腿部肌肉和肌腱的生物力学也大大简化了控制性步行的问题。"最近的研究表明，视网膜并不像以前想的那样，是被动的感觉器官，向大脑发送原始数据，实际上，视网膜塑造了我们看到的东西。眼睛也拥有智慧。甚至概念性思考也会涉及身体的感知系统和运动系统。当我们对世界上的事物或现象（例如树枝或风）进行抽象思考或隐喻性思考时，我们会通过思维再现甚至模仿出身体的感知经历。克拉克表示："对于同人类类似的生物来说，身体、世界和行动共同构成了那个难以捉摸的事物——思维。"

在大脑、感觉器官和身体其他部分之间，认知功能是如何分配的？这个问题仍然是人们研究和争论的焦点。支持具身认知的人提出了一些夸张的论断，例如，他们认为个体思维超出了身体的限制，存在于周围的环境里，这种观点颇具争议。但

---

① 具身认识也称"具体化"，是心理学中一个新兴的研究领域。具身认知理论主要指生理体验与心理状态之间存着强烈的联系。——编者注

有一点非常清楚，我们不能把思维同身体分割开来，就像我们不能把人类同世界这个造物主分开一样。哲学家肖恩·加拉格尔说过："具身化已经触及人类经验的方方面面：从婴儿期的基本感知和情感，到人类的复杂互动；从语言的习得和创造性使用，到判断和比喻所涉及的高级认知能力；从意图性行为所体现的自由意志，到创造为人类提供精神供养的文化产品。"

加拉格尔提出，具身认知有助于我们理解为什么人类在技术使用方面特别擅长。适应了周围的环境以后，我们的身体和大脑很快就会将工具和其他人工制品融入思维过程——从神经层面来说，我们把这些东西视作自身的一部分。如果你拄着拐杖走路，用锤子劳动，或是挥舞着刀剑作战，大脑就会把这些工具纳入神经网络。并不是只有人类才能通过神经系统把身体和工具结合起来。猴子可以用树枝在地上挖蚂蚁或白蚁，大象能用长满叶子的树枝扇走叮咬它的苍蝇，海豚在海底挖掘寻找食物时，会用小块的海绵状物保护自己，避免被刮伤。但是，智人①在推理和规划方面能力出众，这使得我们能够设计出精致的独创性工具和仪器，这些工具用途多样，可以拓展人类的思维能力和身体能力。一直以来，我们都在朝着克拉克所说的"认知混杂"发展，这种"混杂"将生物和技术糅合在一起，内外兼顾。

技术内化对我们来说并不难，但也会让我们误入歧途。为工具赋予能量可能并不会实现人类利益的最大化。现在存在一

———————————————
① 全部现代人的属和种。——编者注

个非常讽刺的现象：虽然科学家越来越多地发现身体行动和感官知觉在思维、记忆和技能发展中的重要作用，但我们真正行动的时间却变少了。更多时候，我们的生活和工作是通过计算机屏幕上显示的抽象介质来实现的。我们脱离了肉体的躯壳，为自己加上了感官的枷锁。计算机具有多种功能，在它的帮助下，我们成功设计出了许多工具。但是，同期望的相反，这些工具却窃取了工作给我们带来的身体上的快乐。

我们认为思维和身体是分离的，这是直觉观点，但这种观点是错误的，会导致我们低估同世界相融的重要性。反过来，我们很容易就会认为，计算机——从表面来看就像人工大脑，一台"思维机器"，是高级工具，能够进行思维活动。迈克尔·琼斯认为，正是得益于谷歌的地图工具和其他在线服务，"人类的智商至少提高了 20 个点"。我们可以依靠软件四处游走，设计建筑物，进行其他类型的思维或发明创造性工作，但我们被自己的大脑欺骗了，误以为在这个过程中没有任何牺牲，或者至少没有丢失什么重要的东西。更糟的是，我们仍忘了还有替代品。我们也忽视了一个问题：我们能够重新设定软件程序和自动化系统，非但不会削弱反而会加深我们对世界的理解。人因研究员和其他自动化专家已经发现，人类有办法打破玻璃笼子，同时保留计算机带给我们的益处。

The Glass Cage

How Our Computers Are Changing Us

第七章

自动化，为了人类

The Glass Cage

How Our Computers
Are Changing Us

到底谁需要人类?

讨论自动化时经常会跳出这个问题,有时运用了其他修辞或表达方式,但归根结底发问的内容都是一样的。如果计算机快速发展,而相比之下,人类的发展进程相对较慢,人类笨拙且容易犯错,那么,为什么不设计一个完美无缺、至臻至善的系统,不需要人类监控或干预就能独立执行任务呢?为什么不把公式里所有的人类因素都剔除掉呢? 2013 年《连线》杂志刊登了一则封面故事,文中技术理论家凯文·凯利宣布:"我们要让机器人来接班。"他以航空业为例:"计算机大脑——飞机自动驾驶仪能自动驾驶 787 喷气机,但是,我们却要在驾驶舱里安排人类飞行员,负责看管自动驾驶,做到'有备无患',这是不合理的。"2011 年爆出有人驾驶谷歌汽车发生车祸的新闻以后,某作家在知名的技术博客上呼吁:"我们需要更多的机器驾驶员!"针对芝加哥公立学校教师罢工事件,《华尔街日报》评论员安迪·凯斯勒半开玩笑地说:"为什么不忘了教师这回事，给 404 151 个学生每人发个 iPad 或是安卓平板电脑呢？"在 2012 年发表的一篇短文中，硅谷德高望重的风险资本家维诺德·科斯拉认为，当医疗软件（他称之为"算法医生"）不再只是初级护理医师的帮手，而是经过不断发展，已经可以用来诊断病情且完全取代医生时，医疗事业将会取得长足进步。他写道："最终，我们不再需要普通的医生。"自动化可以"医治"我们这些不完美的自动化。

这个想法非常诱人，却过于简单了。机器会遗传制造者那容易犯错误的毛病。即使是最先进的技术，早晚也会出现故障、无法运行。而在运行过程中，计算机系统可能会遇到许多设计者和程序员都没有预料到的情况，这时，算法就会受困其中，无从入手。在 2009 年年初，大陆连线在布法罗坠机前的几个星期，美国空中客车 A320 飞机在从纽约拉瓜迪亚机场起飞的过程中撞上了一群加拿大雁，导致所有引擎都失去了动力。机长切斯利·萨伦伯格和副驾驶杰弗里·斯基尔斯立即做出反应，冷静果断，经历了令人备受折磨的 3 分钟，成功将几近残废的飞机安全迫降在哈得孙河面上。所有乘客和机组人员都获救了。如果驾驶室里没有负责"照看"A320 的驾驶员，这架搭载着最先进自动化技术的飞机将会坠毁，机上的所有人员都会遇难。一架客机所有的引擎都失去动力是很少见的。但是，在出现机械故障、自动飞行失灵、恶劣的天气和其他意外事故时，驾驶员拯救整个飞机的事件却并不罕见。德国《明镜》周刊（*Der Spiegel*）在 2009 年的航空安全特辑中写道："一次又一次地，自动化飞机上的驾驶员总会遇到一些飞机工程师未曾预料到的、新的、危险的意外情况。"

其他领域也存在这个问题。许多新闻媒体都报道了谷歌普锐斯发生的严重事故。但是，我们不知道，自始至终，谷歌汽车和其他自动测试车辆都配有备用司机，他们要在计算机无法完成操作时接过方向盘。按照政策规定，谷歌要求汽车在居民区街道上行驶时，都必须由人来驾驶；任何员工想要驾着谷歌汽车出去兜风，都必须完成严格的紧急驾驶技术训练。自动驾驶汽车并不像看起来那样完全不需要人类驾驶。

在医疗领域，医护人员经常要推翻临床诊疗计算机给出的错误指示或建议。许多医院发现，虽然计算机开药系统能降低分发药品时的常见错误，但也会带来新的问题。2011年在某家医院进行的一项研究表明，事实上，开药实现自动化以后，重复开药的情况反而增加了。诊断软件也远非完美。可能大多数时候，"算法医生"会给出正确的诊断和治疗方案，但是如果你的各种症状同计算机里用于计算概率的备选档案不符，那你就应该庆幸诊室里还有个人类医生，他会复核计算机的计算结果，并推翻计算机的诊断。

自动化技术变得越来越复杂，各项技术之间的关联性不断增强，软件指示、数据库、网络协议、传感器和机械部件之间环环相扣、相互依存。各个系统对科学家所说的"连锁故障"非常敏感，某个组成部件的失灵会引发大面积的、灾难性的连环故障。2010年，一组物理学家在《自然》杂志上发表了一篇文章，称人类世界是由一个个"相互依存的网络"构成的。"各种各样的基础设施，例如供水系统、交通、燃料和电厂"都通过电路或其他联结方式关联起来，这使得它们"对随机故障极度敏感"。即使只有数据交换领域才存在这种紧密的联系，一旦某一环节出现问题也会带来非常严重的后果。

这种脆弱越来越难以识别。麻省理工学院计算机科学家南希·莱韦森在《建造一个更安全的世界》（*Engineering a Safer World*）一书中指出，对于过去的工业机械化，我们可以"全面计划、理解、预测并保护各组件之间的相互作用"，在投入使用之前，系统的所有设计均需要经历严格的测试，"而现代的、高科技系统再也不具备这些特性了"。同它们事无巨细的前辈相比，现代系统的"智力控制性"较低。所有的部件都能完美运行，但是一个小的错误或是系统设计的疏忽——数十万行软件代码中隐藏的一个小失误仍然会引发严重事故。

计算机的决策和触发速度快得惊人，这也加剧了风险。2012 年 8 月 1 日早上那惊心动魄的一小时就恰恰证明了这一点。当时，华尔街最大的贸易行骑士资本集团（Knight Capital Group）推出了一个新的买卖股票的自动程序。但是这个先进的软件程序存在一个缺陷，在测试的时候并没有被发现。程序一经启动，立即引发了大量未授权的、不合理的交易，每秒钟的股票交易金额达 260 万美元。当骑士资本的数学家和计算机科学家找到问题源头并关掉违规程序时，已经过去了 45 分钟，这个软件造成的错误交易金额高达 70 亿美元。骑士资本最终损失了近 5 亿美元，濒临破产边缘。事件发生后的一周之内，华尔街其他公司联合起来为骑士资本提供资金支持，帮助其摆脱困境，避免了又一场金融业的灾难。

当然，技术会不断进步，问题也会得到修正。但是，完美无瑕只能是一种理想状态，永远都无法实现。即使人类可以设计并构建一个完美的自动化系统，这个系统还是要在一个不完美的世界里运行。无人驾驶汽车不会行驶在乌托邦的街道上。机器人也不是在极乐世界的工厂里工作。还是会有大雁群和雷击。我们坚信会建造一个完全自给自足的、可靠的自动化系统，这本身就是自动化偏好的最好证明。

不幸的是，不仅技术专家普遍坚信完美系统的存在，工程师和软件程序员——设计系统的人也持这种观点。1983 年，伦敦大学学院的工程心理学家立萨尼·班布里奇在《自动化》（Automatica）杂志上发表了一篇经典文章，他指出，计算机自动化的核心部分存在一个难题。因为设计人员总是认为人类"不可靠且效率低"，至少同计算机相比是这样，所以他们努力弱化人类在系统运行中的作用。人们最终沦为监控者，只能被动地看着电脑屏幕。而人类思维涣散是出了名的，他们绝对无法胜任监控者的工作。对于人类警惕性的研究可以追溯到"二战"时期，当时英国的雷达操作员负责监控德国潜艇，研究表明，即使人们特别积极主动，也无法将注意力停留在相对稳定的事情上超过半个小时。他们会觉得无聊，会开始做白日梦，注意力就会游离。班布里奇写道："这意味着，人类无法完成针对可能性非常低的异常情况的基本监视任务。"

他补充说，并且人类的技能"如果不使用还会退化"，所以，即使是经验丰富的系统操作员，如果他主要的工作仅仅是监控而不是行动，那么他最终也会变得"经验不足"。随着本能和条件反射能力的生疏，他很难定位或辨别问题，他的反应会变得迟钝，需要花时间来思考，而不是快速、自动地做出决断。加之丧失了态势感知能力，专业技能的退化会增加犯错的概率，这样下去，早晚有一天，操作员会无法胜任自己的工作。一旦发生这种情况，系统设计者又将进一步缩减操作员的任务，让他们远离具体的行动，这样一来，操作员未来犯错误的概率又会增加。有人猜测，人类是系统中最弱的一环，现在我们自己就将这一假设变成了现实。

是否需要考虑人类因素？

人类工程学是艺术和科学结合的产物，是一门研究如何使工具和工作场所适应人类需求的学科，最早可以追溯到古希腊时期。希波克拉底在"论外科手术"（*On Things Relating to the Surgery*）一文中，给出了精确的指示，他告诉我们应该如何布置手术室的照明设施和内饰，如何摆放和操作医疗工具，甚至还给出了医生的着装建议。在许多希腊工具的设计中我们可以看到，工具的形状、重量和平衡性是如何影响工人的生产力、体力和健康的，古希腊人在这方面可谓细致考究。亚洲文明早期也是如此，各种迹象表明，工人的工具都经过了精心设计，从身体上和心理上都给工人带来了舒适感和满足感。

但是，直到"二战"时才诞生了人类工程学，还有它的表亲——一门理论性更强的正式学科，控制论。上万名不经事的士兵和刚刚招募的新兵要扛起这些复杂的、危险的武器和机器，但他们没有时间接受训练。蹩脚的设计和令人混乱的操作让人无法容忍。要感谢那些先锋的思想者，例如诺伯特·维纳、美国空军心理学家保罗·菲茨和阿尔方斯·查帕尼斯，军队和工业规划者开始认识到，复杂的技术系统的成功，除了系统机械组件和电子调节器以外，人类也扮演了不可或缺的角色，他们开始重视人类的价值。在严格的泰勒主义理论里，你不能制造一台完美的机器，然后让工人去适应这台机器；你必须设计一台机器，让它去适应人类的工作。

最开始是受战争启发，而后被计算机进入商业、政府和科学界的潮流推动，一大批敬业的心理学家、生理学家、神经生物学家、工程师、社会学家和设计师开始将他们的才华投入到人类和机器的互动研究中来。虽然他们的研究焦点曾集中于战场、工厂，但还是充满浓浓的人本主义气息：将人类和技术融合起来，高效、富有弹性、安全的共生关系，和谐的人机伙伴关系，互惠共赢。如果我们生活在一个复杂系统的时代，那么人类工程学家就是形而上学的大师。

或者至少人类工程学应该是形而上学的大师。大多数情况下，人们忽视了人类工程学领域（现在一般称为人因工程学）

的发现或洞见，或者对其置之不理。原来，人们关注计算机或其他机器给人类思维和身体带来的影响，而今，这个关注点已经逐渐被追求效率、速度和准确度的最大化所取代——或者干脆就是追求利益的最大化。软件程序员没有接受过人类工程学方面的训练，他们对相关的人因研究置若罔闻。虽然工程师和计算机科学家非常关注数学和逻辑，他们天生厌恶人因领域的"软"关注，但这也无济于事。人类工程学先驱戴维·迈斯特于 2006 年去世，在去世前的几年，他回忆起自己的职业生涯："他们在工作中经常需要克服许多困难，所以取得的成就几乎都是意料之外的。"他略带遗憾地总结说："技术发展的进程和利益推动捆绑在一起，结果导致人的价值很少得到尊重。"

情况也并不总是如此。18 世纪后半叶，当启蒙运动的科学发现开始转变为工业革命的真正机器时，人类开始认为，技术发展是推动历史的因素之一。那也是政治动荡的年代，这种时间上的重合并非偶然。启蒙运动倡导的民主和人本思想在美洲和法国的革命中达到了顶峰，并影响了社会各界对科学和技术的看法。如果说工人还没有认识到技术进步的重要性，那么学者却已经对技术给予了高度重视，他们将技术革新视作政治改革的途径。"进步"具有了社会意味，而"技术"只起到了修饰作用。用文化历史学家利奥·马克斯的话来说，启蒙运动思想家，例如伏尔泰、约瑟夫·普利斯特里和托马斯·杰斐逊见证了"新科学和技术并没有自我终结，而是作为工具，推动了社会的全面转型"。

　　然而，到了 19 世纪中期，这种改革的观点被另外一种完全不同的新概念所侵蚀，至少在美国是这样。人们认为，在发展的过程中，技术本身就是主角。马克斯写道："随着工业资本主义的进一步发展，美国人庆祝科学和技术进步的热情越来越高涨，但是他们开始将技术同社会和政治自由分离开来。"相反，他们拥护"现在更为普遍的观点——科学技术革新本身就是进步与发展的可靠而坚实的根基"。一旦新技术被视作开创伟大事业的途径，这项技术本身就变得伟大了。

　　这样一来，正如班布里奇所说，在我们这个时代，计算机能完成复杂的自动化系统分工也不是什么让人惊讶的事了。为了提高生产力，降低劳动力成本，避免人为错误——为了继续进步，你将所有任务的控制权都交给了软件，然后，随着软件能力的提升，你也会进一步扩充软件的权限。技术越多越好。而那些设计师还无法实现的自动化任务，就落到了人类的血肉之躯上，例如监视异常情况或是在系统故障时提供后备支持等。人类被一步步推出工程师所说的"圈子"——行为、反馈和决策的循环，而正是这三者掌控着系统的每一步运行。

　　人类工程学家将现在普遍存在的这种方式叫作"以技术为中心的自动化"。这体现了人们对技术近乎宗教般的虔诚信奉，以及对人类自身极度的不信任，厌恶人类的情绪取代了人本主义。它将"技术梦想家"们那"谁需要人类"的观点变成了设计伦理问题。机器和软件工具作为技术的产物，进入工作场所和家庭，随之而来的是，它们将厌恶人类的情绪也带入了我们的生活。认知科学家唐纳德·诺曼写了多本具有很高影响力的产品设计著作，他写道："不知不觉地，社会就掉进了以机器为中心的生活旋涡，这种生活强调技术的重要性大过人类，因此，人们被迫扮演辅助者的角色，我们最不擅长的就是这个了。更糟糕的是，以机器为中心的观点将人类同机器相比，认为人类不够资格，不能胜任严格、重复、精确的任务。"虽然现在"社会上充斥着"这种观点，但它是错误的，它扭曲了我们对自己的认识。"它强调人类无法完成的任务和活动，忽略了人类最主要的技能和特性——如果有的话，就是机器做不好的事。当我们持有机器中心论时，我们看到的是人工化和机械化的优点。"

如果存在机械偏好，那么机械化的生活观念也是合情合理的。正如诺伯特·维纳所说，通常，发明背后的推动力同"好摆弄小玩意儿的人想要看到轮子滚动的欲望"一样。有了动力，这群人就会自然而然地掌握设计和构造复杂系统和软件程序的方法，而今，这些系统和程序正控制或者协调整个社会的运转。他们了解代码。随着社会计算机化的程度越来越高，技术专家成了隐形的立法者。他们认为人类因素只是些次要的外部关注，这就消除了实现愿望的主要障碍。他们无所顾忌地追求技术进步，还为自己的观点进行辩驳。如果我们仅凭技术的优越性来评判科技，那么摆弄小玩意儿的人将独掌大权。

除了适应"进步"这个主流思想，"技术主导"自动化决策的偏好也具有实际价值，它极大地简化了系统构造者的工作。工程师和程序员只需考虑计算机和机器能做什么就行了。这样一来，他们就缩小了关注的范围，精选出项目的各个具体参数。他们再也不用同人类复杂、奇特、脆弱的身体和心理纠缠了。但是，虽然作为一种设计策略，以技术为中心的自动化具有很大的吸引力，但也只是幻影。人类因素被忽略并不代表它们就消失了。

1997 年"自动化奇迹"（*Automation Surprises*）发表，这篇文章被多次引用。人因专家纳丁·萨特、戴维·伍兹和查尔斯·比林斯追溯了以技术为核心的自动化的源头及其发展历程，这个过程体现了并将继续反映"现代技术的谬见、虚妄和被误导的意图"。计算机最初只是模拟机，而后出现了人们所熟悉的数字形式，这促使工程师和实业家对电子控制系统形成理想化的愿景，他们将这些系统视作低效率、易出错的人类的救星。同人类世界的混乱相比，计算机的运行和输出整洁有序，有如天赐。萨特和她的同事写道："自动化技术最初希望提高运行的准确度和经济效益，同时降低工作量和训练要求。当时人们认为，可以设计一个自动化系统，这个系统不需要人类的参与，从而减少或避免人类错误出现的机会。"这种信念带着古老质朴的思想，引出了进一步的假设："设计自动化系统时，可以不考虑人类因素在整个系统中的作用。"

文章的作者继续指出，这种愿望和信念撑起了主流的设计思路，但这种设计思路被证明是天真且具有破坏性的。虽然自动化系统经常可以提高"运行的准确性和经济效益"，但是它们在某些方面缺少远见，反而带来了一系列全新的问题。自动化系统的缺点大多来源于"即使高度自动化的系统仍然需要运营人员的参与，这就存在人与机器的沟通和协调问题"。但是，在设计系统的时候，设计者并没有充分考虑系统运营人员的参与，所以，系统的沟通和协调能力是非常弱的。这样一来，计算机系统不具备对工作的"全面认识"，也缺少"同外部世界的广泛接触"——这是人类的专长。"自动化系统不知道应该在什么时候同人类进行交流，告诉人们系统的意图和活动，也不知道何时需要人类提供额外信息。这些系统无法向人类提供充分的反馈，反过来，人类就很难追踪自动化的状态和行为，也很难知晓是否需要进行干预，以避免不良的系统行为。"许多影响自动化系统的问题都源自设计缺陷——"没有设计人机交互，也就无法体现基本的人际交互"。

当工程师和编程人员将软件的工作原理隐藏起来，不让操作人员了解时，他们就等于向这些问题妥协了。所有系统都被装进了神秘莫测的黑盒。普遍的观点认为，一般的人类还不够聪明，没有足够的能力掌握软件程序或机器人设备的复杂原理。如果你和他们讲太多软件运行和决策的算法或程序，只会让他们云里雾里，他们会对系统做出一些错误的操作。让人们蒙在鼓里相对来说更安全。但是，还要再次声明，为了避免人类错误而推卸人类责任最终只会带来更多错误。无知的操作员是一大威胁因素。艾奥瓦大学人因学教授约翰·李解释说，自动化系统使用的控制算法"同人类操作员的控制策略和心智模式不同"，这是很正常的。如果操作员不能理解那些算法，他就无法"预测自动化的行为和局限性"。人类和机器在矛盾下运行，最终目的相左。李教授表示，人们不能理解所使用的机器，这会反过来削弱人类的自信，当系统出差错时，"人类不想进行干预"。

给人类空间

　　人因专家一致敦促设计者抛弃技术优先的策略，转而投向以人类为中心的自动化的怀抱。以人类为中心的设计需要首先评估操作机器或同机器互动的人，衡量他们的优势和局限性，而不是把机器的能力放在第一位。技术发展回归了催生原始人类工程学的人本主义原则。这样做的目的是不只依靠计算机的速度和精确性来划分角色和责任，也要让工人参与进来，积极、主动——也就是在圈内，而不是被排除在外。

　　要实现这种平衡并不难。几十年的人类工程学研究表明，有许多直接的方法。我们可以编写软件，将计算机拥有的关键功能控制权时不时地转交给操作员。人类如果知道他们可能需要随时接管任务的控制权，那么他就会保持注意力集中、高度投入，提高态势感知和学习能力。设计工程师会限制自动化的范围，确保同计算机协作的人类能分配到具有挑战性的任务，而不是被降格到被动观察的角色。增加人类的任务有助于保持生成效应。即使是计算机正在处理的活动，设计师也可以向操作者提供相关的直观反馈，告知操作者当前的系统性能。这种反馈可以是声音和触觉警告，也可以是视觉提示。定期反馈会提高人员的参与度，有助于操作员时刻保持警觉。

自适应自动化就是一种以人类为中心的自动化应用，它非常具有吸引力。在自适应系统里，计算机按照编写的程序，密切关注操作人员的行为，根据不同时段的具体情况，不断调整软件和操作人员的劳动分工。例如，当计算机感觉到操作人员需要进行复杂的操作时，它就会接管其他所有的任务，使得操作人员免受干扰，全神贯注地应对关键性的挑战。在常规条件下，计算机可能会将更多的任务交给操作人员，增加他们的工作量，保证他们具有态势感知能力，也锻炼了操作人员的技能。自适应自动化将计算机的分析能力用于服务人类，使得操作人员一直保持在耶基斯—多德森表现曲线的顶端，避免认知过载和认知负载不足。美国国防部高级研究计划局（DARPA）是隶属于美国国防部的实验室，是创立互联网的先锋。该研究计划局也在研究"神经人类工程学"系统，通过不同的大脑和身体感官，"检测个体的认知状态，然后控制任务参数，克服感知、注意力和工作记忆方面的瓶颈"。自适应自动化也有可能为人类和计算机之间的工作关系注入一股人文气息。一些早期的系统用户报告称，感觉就像是在与人类同事合作一样，而不是操作一台机器。

自动化研究趋向于高风险的、复杂的大型系统，应用于飞机驾驶舱、控制室和战场上的系统。如果这些系统出现故障，会造成大量的人员伤亡和财产损失。但是，这项研究同医生、律师、经理和其他分析性职业所使用的决策支持类应用也存在一定的相关性。这些程序都经历了多轮人员测试，确保学习和使用起来简单易懂，但是一旦进行深入研究，越过了用户友好界面，你就会发现，以技术为中心的设计原则仍然处于主导地位。约翰·李写道："通常情况下，专家系统就像是假肢，可能会用更精确的计算机算法替代人类存在缺陷的、相互矛盾的推理。"这些系统会替代人类判断，而不是作为人类思维的补充。随着应用程序数据处理速度和预测灵敏度的提升，程序员会将越来越多的决策任务交给软件来处理。

拉嘉·帕拉休拉曼也深入研究了自动化对人类的影响，他认为用软件来取代人类决策是错误的。帕拉休拉曼表示，只有当决策支持类应用向专业人士传递所需的相关信息而不是给出某些具体的行动建议时，才真正体现了它们的价值。人类有了思考的空间，才会产生最智慧、最具创造性的想法。李教授也同意这种观点，他写道："弱化自动化的方式取得的成功更多，它对操作人员的行为做出评论，而不是担当主宰者的角色。"最好的专业系统会呈现"替代性的解释、假设或选择"。附加信息或通常意料之外的信息有助于抵抗人类与生俱来的认知偏见，这种偏见有时会对人类判断造成误导。这些信息会强迫分析员和决策者从完全不同的角度看待问题，扩大选择范围。但是李教授强调，系统应该让人来做最后的决断。他建议，在有证据表明在不存在完美自动化的情况下，"自动化程度越低，例如自动化只扮演评论者的角色，导致错误的可能性就越低"。计算机在对大量数据进行快速分类方面能力超群，但是人类专家比这些数字伙伴更敏感、更智慧。

力求使创意产业自动化更具人文主义气息的人也想开辟出一块区域，保护专家从业者的思想和判断。许多设计师批评时下流行的CAD程序简单粗暴。本·特瑞纳是旧金山Gensler公司的一名建筑师，他称赞计算机能拓宽设计的可能性。Gensler设计了上海中心大厦，这座节能型的摩天大厦呈螺旋上升式。特瑞纳指出，这栋新建筑就是个例子，如果没有计算机，"就无法建造出来"。但是，他也担心设计软件具有彻底的写实主义，建筑师必须定义输入的每一个几何元素的意义和用途，这就丢失了手绘设计稿所带来的开放式的、无拘束的探索。他说："画出来的一条线可以是很多东西。"但是，数字线条就只能代表一种事物。

回到1996年，建筑教授马克·格罗斯和埃伦·都仪伦提出了一种可以替代那些缺乏想象力的CAD软件的应用。在概念蓝图里，这个应用具有"纸"一样的界面，能够"捕捉使用者模糊不清和不够精确的想法，并在视觉上呈现出来"。设计软件"同手绘草稿一样，也具有启发和暗示的特性"。此后，许多学者也提出了类似的想法。最近耶鲁大学计算机科学家朱莉·多尔西带领团队创造了一种设计应用原型，这个应用配备有"思想画布"。同由计算机将二维图稿自动转化为三维虚拟模型不同，这个系统以触屏板作为输入设备，建筑师可以直接绘制三维草图。软件团队解释说："设计师绘制线条，也可以擦掉重新绘制，不受多边形网格的限制，也摆脱了参数管道不灵活的缺点。使用我们的系统，用户可以在开发创意的过程中反复优化，非常简单，不需要在创意成型前提供精确的几何数据。"

以技术为中心还是以人为中心？

以技术为中心和以人为中心的这两种自动化形式之间的矛盾并不只是专业学者所关注的理论层面上的问题，它也影响着企业家、工程师、程序员和政府监管者每日的决策。在航空业，自打 30 年前引入电传操纵系统以来，两大主导飞机制造商在飞机设计上就存在分歧。空客公司追求以技术为中心，以实现飞机基本"无人驾驶"为目标。空客公司决定替换掉传统飞机驾驶所用的笨重的前置控制杆，取而代之的是侧装式的、小巧的操纵杆，这正体现了公司的目标。这种类似于游戏控制杆的装置将输入信号传送给计算机，短时高效，其间不需要太多的人工干预，却可以为驾驶员提供具体的反馈。同玻璃驾驶舱的概念一致，空客公司强调，飞机驾驶员的角色应该是由计算机操作员而不是飞行员来担任。此外，空客还编写了计算机程序，在特定情况下，计算机会推翻驾驶员的指令，从而保证飞机一直处于软件规定的飞行包线参数内。是软件而不是驾驶员行使最终控制权。

波音公司在设计电传操控飞机方面则采用了相对以人为中心的策略。公司决定，不允许飞行软件凌驾于驾驶员之上，这可能更受莱特兄弟的青睐。即使是在极端情况下，飞行员也对飞机的控制拥有最终决定权。波音公司不仅保留了传统的体积较大的操纵杆，并且让操纵杆提供人工反馈，模拟飞行员直接控制飞机转向装置时的体验。虽然操纵杆只是向计算机传送电子信号，但通过程序设定，操纵杆会有阻力和其他触觉提醒，模仿飞机副翼、升降舵和其他操控面运动给驾驶员带来的体验。约翰·李表示，研究发现，在提醒驾驶员飞机方向和运行已经发生重要变化时，触觉或触觉型的反馈比单纯的视觉信号更有效。并且，因为大脑处理触觉信号的方式同视觉信号不同，"触觉警告"不会"干预同时进行的视觉表现"。从某种意义上来说，综合的触觉反馈把波音飞机驾驶员带离了玻璃驾驶舱。他们驾驶大型喷气式客机的方式可能和威利·波斯特驾驶的小型洛克希德维加飞机不同，但是相比于空客驾驶舱里的同行们，波音飞机的驾驶员拥有更多身体上的飞行体验。

空客公司制造出高端大气的飞机。同波音飞机比起来，一些商业飞行员更喜欢空客。两家飞机制造商的安全记录十分接近。但是，最近发生的一些事故反映出空客以技术为中心的设计理念的短板。某些飞行专家认为，法航空难的部分原因可以归咎于空客飞机驾驶舱的设计。录音记录记载了驾驶员控制飞机的全过程，皮埃尔·塞德里克·博宁回拉侧杆，副驾驶员戴维·罗伯特对博宁犯下的致命错误视而不见。而在波音飞机的驾驶舱里，每一位驾驶员都能清楚地看到其他驾驶员的操纵杆以及其他驾驶员对操纵杆的控制行为，如果这还不够，两个操纵杆会作为同一个单元运行。如果某个驾驶员回拉操纵杆，另外一名驾驶员的操纵杆也会向后移动。借助视觉和触觉提示，驾驶员们可以保持同步。相反，空客飞机的侧杆比较隐蔽，驾驶员的操作动作较小，并且，两个操纵杆各行其是。飞行员很容易就会忽略另一位飞行员的动作，特别是在压力上升而注意力下降的紧急情况下。

如果罗伯特及早发现并纠正了博宁的错误，驾驶员可能会重新控制A330。切斯利·萨伦伯格认为，如果驾驶员在搭载了以人为中心的控制设备的波音飞机驾驶室里，法航空难发生的概率会"大大降低"。杰出的法国工程师伯纳德·齐格勒是空客公司的顶尖设计师，他于1997年退休。最近，他对空客公司的设计哲学表示了担忧。在空客公司总部图卢兹接受作家威廉姆·朗格维舍采访时，齐格勒表示："有时，我在想，是否我们制造的飞机太容易操作了，以至于它们飞不起来，因为如果飞机驾驶难度较高，机组人员就需要特别警惕。"他进而建议空客公司应该"在驾驶员的座椅里安装一个滴答作响的断续器"。这可能是个玩笑，但是齐格勒的看法同人因研究员对人类技能和注意力维护研究得出的结果一致。有时，自动化系统给操作员提供的应该只是一个好想法或是类似的技术。

在美国联邦航空管理局2013年给驾驶员的安全警告中，美国联邦航空管理局鼓励驾驶员在飞行过程中多采用手动控制模式，虽然是实验性的，但这也体现了对以人为中心的自动化的支持。航空管理局已经认识到，让驾驶员更加深入地参与飞行可以降低发生人为错误的概率，降低自动化故障带来的影响，提高飞行的安全性。提高自动化程度并不总是最明智的选择。美国联邦航空管理局聘请了大批知名的人因研究员，密切关注人类工程学研究，美国联邦航空管理局计划推行"下一代"计划，对美国的空中交通管制系统进行彻底检查。该项目的首要目标之一是"建立适应、补充并增强人类行为的航空系统"。

在金融领域，加拿大皇家银行也在抵抗以技术为中心的自动化。在华尔街交易平台上，加拿大皇家银行安装了专属的软件程序，名为THOR，这个软件能切实放缓买卖交易速度，避免高速交易商会利用算法控制交易。加拿大皇家银行发现，放缓交易速度以后，最终执行的交易条款对顾客来说更具吸引力。银行承认，现在通行的高速数据流技术具有强制性，他们在这方面做出了权衡。避开了高速交易，每笔交易的金额有所下降，但是相信从长远来看，客户忠诚度的加强以及风险的降低会带来总体利润的提升。

前加拿大皇家银行执行官布雷德·胜山目光更加长远。胜山观察到股票市场倾向于高频交易，他领导开创了一种更为公平的新的交易方式，名为IEX。2013 年年末，IEX开放，对自动化系统施加控制。交易公司具有掠夺性，它们的计算机同交易联系紧密，可以从中占据优势，IEX的软件管理数据流确保交易各方能同时收到定价或其他信息，从而弱化了交易公司的优势。IEX禁止高速算法交易和收费计划。胜山和他的同事借助复杂的技术，平衡人和计算机之间的关系。一些国家管理机构也在通过法律法规尝试放缓自动交易。2012年，法国对股票交易征税，一年以后，意大利也加入进来。因为高频交易算法通常执行基于数量的套利策略——每笔交易带来的利润较低，但是可以同时处理上百万笔交易，即使是非常低的税率，也会让高频算法程序的吸引力大打折扣。

小心——如果技术优先

人们进行了一些限制自动化的尝试。这表明，至少一些企业和政府机构愿意对流行的"技术优先"提出质疑。但是，这些尝试并没有实现规范化，后续是否能取得成功还是个未知数。一旦"以技术为中心"的自动化在某一领域站稳了脚跟，就很难改变发展路线。软件影响人们如何完成工作，如何组织运营，消费者如何期待以及如何赢利。软件成了经济和社会中必不可少的一环。这就是历史学家托马斯·休斯所说的"技术动能"的例子。在早期发展阶段，新技术具有可塑性。设计者的意愿、使用者的关注以及整个社会的利益都会影响技术的形式和使用。但是，一旦技术嵌入物理基础设施、商业和经济布局以及个人的规范和预想，要改变就很难。这时，技术是社会现状的一个组成部分。技术已经积累了许多惯性，可以继续沿着已有路径发展。虽然某些计算机组件过时了，但是会有新的软件来替代它，新的软件将改进现有的运作模式，改变衡量绩效和成功的标准。

例如，商业航空系统现在依靠计算机的精准控制。计算机比驾驶员更擅长策划最节约燃料的路线，并且，计算机控制系统可以缩短飞机之间的间距。在提高飞行员手动飞行技能和追求航空业高水平自动化之间存在着根本矛盾。航空公司不会牺牲利益，规则制定者也不会为了给飞行员提供大量的时间来练习手动飞行，从而削减航空系统的运载力。同自动化相关的空难很少，但是一旦发生，后果极其严重，这是高效、高利润的交通系统所需付出的代价。在医疗领域，保险公司和医院将自动化视作降低成本、提高生产力的短效药，更不用说政客了。他们一定会给系统提供者施压，实现医疗实践和医疗过程的自动化，从而节约资金。虽然医生担忧，长远来看自动化会侵蚀他们精湛、宝贵的技能。在金融交易方面，计算机能在 10 微秒内执行一次交易，相比而言，人类大脑需要近 0.25 秒才能对事件或其他刺激做出反应。计算机能在眨眼间就处理上万笔交易，它依靠超高的速度将人类排挤出了交易。

人们普遍认为，某一领域广泛采用并积累了惯性的技术一定是最适合这项工作的技术。这样看来，"进步"就是类似达尔文进化论的过程。人们发明了许多不同的技术，各项技术争夺使用者和买家，经过一段严格的测试和比较之后，市场会选出最适合的那几个，只有最适合的工具才能幸存下来。因此，社会会自信地认为，它所采用的技术是最佳选择——在这个过程中被遗弃的那些技术则存在致命缺陷。这是对进步的安慰，用已故历史学家戴维·诺布尔的话来说，这建立在"对客观科学、经济合理性和市场的单纯信仰"的基础上。但是，诺布尔随后在 1984 年出版的《生产的力量》(*Forces of Production*)一书中解释说，有一种扭曲的观点："技术发展一方面被描绘成自动、中立的技术过程，而从另一个角度来说，技术是冷漠、理智和自我调节的过程，而这两者都无法解释人、权力、机构、竞争价值或各式各样的梦想。"对技术进步的普遍观点替代了复杂、奇特的历史，给我们呈现了一种简单的、怀旧的幻象。

诺布尔通过机床制造业在"二战"以后的自动化经历，阐述了技术获得认可、积蓄动能的复杂历程。投资者和工程师开发了几种不同的技术，用于机床、钻床和其他工厂工具编程。不同的控制方法都有各自的优缺点。这其中最简单也最具独创性的系统名为 Specialmatic，由普林斯顿大学工程师菲利克斯·P·卡拉瑟斯发明，纽约的一家小公司 Automation Specialties 负责该系统的市场推广。通过一组密钥和度盘对机器的工作进行加密和控制，Specialmatic 将编程的权力交到了技术熟练的工厂机械师手里。诺布尔解释说，机器操作员"能够根据金属切削的外观、声音和气味设定并调节进料和速度"。除了将经验丰富的手工匠的隐性专业知识融入自动化系统，Specialmatic 还具有经济优势：制造商不需要雇用工程师和咨询师对设备进行编程。卡拉瑟斯的技术获得了《美国机械工》杂志的称赞，称其"能够实现机器的完全装配和编程"。借助Specialmatic系统，机械师可以体验自动化的高效性，同时"在整个机器工作周期内，一直享有对机器的全面控制"。

但是Specialmatic一直没有找到市场立足点。当卡拉瑟斯埋头于自己的发明时，美国空军将资金投入另外一项研究中，该研究由同军队保持长期联系的麻省理工学院团队负责，开发"数字控制"，这是一项数字编码技术，是现代软件编程的先驱。数字控制项目获得了大量的政府补贴，拥有颇具威望的学术背景。并且，这项技术也迎合了企业主和管理者的需求，他们面对接连不断的劳动矛盾，渴望获得更多的机器控制权，从而降低工人和工会的权力。数字控制也闪耀着尖端技术的光芒——战后人们对数字计算机不断高涨的热情也推动着它的发展。制造工程师协会某篇论文的作者后来写道：麻省理工学院系统或许是"一个复杂、昂贵的怪物"，但是工业巨头（例如通用电气和西屋电气）却冲过去拥抱这项技术，从没给Specialmatic等替代者机会。数字控制完全不用赢得为生存而展开的艰难的进化战争，它在竞争开始之前就已经胜利了。编程优于人，它在"技术优先"的设计理念背后，势头正旺。对于普通大众来说，从来就不知道还有其他选择。

工程师和程序员不应该承受以技术为中心的自动化所带来的负面影响。他们可能有时仅仅追求技术梦想和愿望，这是错误的。他们无力抵抗"技术自大"，用物理学家弗里曼·戴森的话说，"技术自大会让人们产生错觉，认为自己拥有无穷的力量"。但是，工程师和程序员也对雇主和客户的要求做出回应。软件开发人员在编写自动化程序时总是需要做出权衡。采取推动专业技能发展的必需步骤——限制自动化的范围，提高人的角色参与度和活跃度，鼓励通过预演和反复修改开发自动性——牺牲速度和收益。学习就会导致效率降低。如果公司追求生产力和利润的最大化，就很少会接受这种取舍。毕竟，他们投资自动化最主要的原因是降低劳动力成本并实现操作的流水化。

作为个体，当我们决定使用哪种软件应用或计算工具时，也总是追求高效率和便捷性。我们选择的程序或工具会减轻我们的负担，节省时间，我们不会选择增加工作难度和时间长度的工具。科技公司在设计自己的产品时，自然要迎合客户的这种想法。公司为了提供所需体力和脑力最少的产品，展开激烈竞争。谷歌总裁艾伦·伊格尔在解释许多软件和互联网业务的指导原则时表示："在谷歌和其他所有地方，我们尽量让技术是傻瓜式的。"在商用软件的开发和使用是否需要工业系统或智能手机应用的问题上，对人类命运的担忧无法同节省成本和时间相竞争。

我问过帕拉休拉曼，他是否认为未来社会对自动化的使用会更加明智，在计算机计算和人类判断之间、对效率的追求和技能的发展之间寻得一个更好的平衡。他停了片刻，苦笑道："我不抱希望。"

盗墓者的启示

　　我陷入了困境。我不得不同疯狂的盗墓者赛斯·布里亚斯达成盟约，别无选择。我们在白骨顶教堂边上的墓地会面，刚见面不久，赛斯就提醒我："我不吃饭，不睡觉，不洗漱，这些对我都无所谓。"他说的时候没有一丝傲慢的情绪。他了解我所找寻的人的行踪，可以为我引路，但作为交换，他要我帮他用马车把几具刚刚过世的人的尸体运送到荒凉的鬼镇，这会途经克里奇利农场。我驾着赛斯的马车，他坐在后面，在尸体身上搜刮值钱的东西。这次旅途可真是考验。在路上，我们遇到了埋伏着的拦路抢劫的强盗，但是靠着武器（我几乎是徒手）最后成功逃脱，但是当我尝试跨越那座快要垮塌的桥时，尸体的重心发生了偏移，马脱缰了。马车倾斜跌入山涧，我落到一块火山岩上，昏死过去，鲜血喷涌而出来模糊了我的双眼。我经历了炼狱般的几秒钟，然后清醒过来，但还要再次忍受这折磨。尝试了六七次以后，我绝望了，我认为不可能完成这项任务。

　　我玩的这个射击类游戏叫《荒野大镖客》，采用自由世界模式，设计精良，游戏情景设置在 20 世纪初西南边境虚构的领地——新奥斯汀。游戏剧情是纯佩金帕式。开始游戏时，玩家扮演一名原来是亡命徒的坚忍的农场工人，名叫约翰·马斯顿，他的右脸有两道标志性的又深又长的疤痕。联邦机构扣押了马斯顿的妻儿作为人质，威胁他去寻找原来的犯罪同伙。要完成这个游戏，玩家需要引领枪手锻炼各种技能和熟练度，这些项目的难度会随着级别的升高而增加。

又尝试了几次，我终于越过了这座桥，背后跟着那吓人的"货物"。事实上，在Xbox①连着的平板电视前，我已经度过了极度混乱的几小时，现在我成功地完成了游戏的所有任务，大概50多项。作为奖励，我目击了游戏里的角色约翰·马斯顿被强迫他执行任务的机构枪杀。游戏的结局令人毛骨悚然，但是在游戏之外，我获得了一种满足感。我用套索套过野马，射杀过草原狼，还扒过它的皮，劫过火车，玩扑克牌也小胜过一把，同墨西哥革命分子并肩作战，从喝醉的蠢货手里营救过妓女，并且，完全依照《日落狂沙》（*Wild Bunch*）的样子，用格林机关枪把一伙暴徒送上了天。我曾接受过考验，但是凭借中年人的经验，我应对了这些挑战。虽然我并没有取得史诗性的胜利，但确实是赢了。

从没玩过电子游戏的人可能会讨厌这种游戏，这是可以理解的，毕竟有的游戏比较血腥，但没玩过电子游戏可是人生的一大憾事。游戏里充满创造性并兼具美感，最好的游戏可以作为软件设计的模型。这些游戏体现了应用如何鼓励人们培养技能，而不是导致技能退化。要熟练掌握一个电子游戏的操作，玩家必须完成逐级增加难度的各项挑战，不断突破自己的技能极限。每项任务都有一个目标，如果完成得好就会获得奖励，在游戏过程中还会有即时反馈（例如"血"喷涌而出），这通

---

① 微软公司开发的电子游戏平台。——编者注

常都是出于本能。游戏刺激了心流，激励玩家重复复杂的操作，直到这个操作变成他们的本能动作。玩家学到的技能可能微不足道。例如，如果操控塑料控制杆驾驶虚拟马车穿过虚拟的桥梁前提是他会掌握得很透彻，并且能够在下一项任务或下个游戏里运用掌握的操作技能，玩家会成为专家，享受欢乐时光。

同平日个人生活中使用的软件相比，电子游戏是个例外。大多数的流行应用、小工具和线上服务的设计初衷都是出于便捷性，或者，用设计者的话来说是"可用性"。只需要触摸几下，刷一下，或是点击几次，程序就能熟悉某项研究或实践。就像自动化系统会反复进行预先设定的活动。例如工业和商业领域使用的自动化系统，设计人员精心设计，将人类思维的负担转嫁给计算机。即使是音乐家、音乐制作人、电影制作人和摄影师使用的高端程序也对应用的简易性有很高的要求。原来需要专家的专业技术才能实现的复杂的音频和视频效果，现在也能通过按按钮或拖动滑块来实现了。人们不再需要了解操作背后的概念原理，因为它们已经融入了软件程序。这非常有利于扩大软件使用群体——那些不付出努力就能有所收获的人。但是为了迎合业余爱好者而付出的成本会贬低专家的身份。

彼得·莫霍兹是一位受人敬仰的软件设计咨询师，他建议程序员追求产品"弱化摩擦"和"简洁"。他说，成功的设备和应用将技术的复杂性掩藏在用户友好界面背后。他们将使用者承担的认知负担最小化："简单的事情不需要过多思考。选择少了，也就不需要思考。"正如克里斯托夫·范宁韦根关于食人族和传教士的实验证明，这个秘诀可以创造应用，能够绕过学习、技能培养和记忆的思维过程。从认知层面来说，工具不需要我们付出什么，也不会给我们带来什么回报。

莫霍兹所谓的"它只是工作而已"的设计哲学有很多优势。探索在数字时钟上设定闹钟，更改无线路由器的设置或是学会微软 Word 编辑软件工具条的功能，都可以体会简洁的重要意义。有些产品过于复杂，浪费了时间，却带不来什么好处。我们不需要样样精通，这是事实，但是当软件程序员编写的程序脚本涉及知识性探究和社会依附性时，却无法降低摩擦性。这不仅耗尽了我们的专业技能，也让我们忽视了专业技能的重要性，不再重视技能的培养。几乎所有的文字和信息应用都使用了可以复核和纠正拼写错误的算法。拼写检查工具具有提示功能，会将可能的错误进行高亮处理，以引起你的注意，有时还会给你正确的拼写方式建议。你可以一边使用一边学习。现在，工具融入了自动纠错功能，我们一出现错误，工具就会立刻悄悄地改过来，不提醒使用者。没有反馈，没有"摩擦"。你什么也看不到，什么也学不到。

或者我们看看谷歌的搜索引擎。最初，谷歌搜索呈现在你面前的只是一个空的文本框，除此之外什么也没有。这个界面就是一个体现简洁性的典型例子，但是谷歌搜索服务仍然要求用户思考要搜索的内容，要有意识地组合、优化关键词组，才能得到最佳结果。现在，再也不需要这样了。2008 年，公司推出了谷歌提示（Google Suggest）服务，这是一个自动完成程序，通过预测算法推测用户所要搜寻的内容。现在，只要你在搜索框内输入一个字母，谷歌就会给出一组建议，告诉你怎么填写你的问题。每输入一个字母，跳出来的建议就会更新一次。在谷歌公司的极度关怀背后，是对效率不懈的、近乎偏执的追求，例如遁世的自动化观点。谷歌认为，人类认知是老旧的、不准确的，这种复杂的生物程序最好交给计算机来控制。2012 年，发明家、未来主义者雷·库兹韦尔就任谷歌工程总监，他表示："我设想，几年以后，你不用实际搜索，就可以得到大部分问题的答案。"谷歌"就是知道这是用户想得到的答案"。最终目标是实现搜索的完全自动化，将人类的主观意志清理出局。

社交网络，例如Facebook，好像也有着相同的驱动力。通过对潜在好友的统计"发现"，提供"喜欢"按钮和其他可以表达情绪的可点击的按钮，将耗时的人类关系自动化，他们实现了复杂人际关系的流水化。Facebook创始人马克·扎克伯格（Mark Zuckerberg）将此称为"无缝分享"——剔除了社交中的自觉努力。但是，把速度、生产力和标准化的想法强加给我们的人际关系也让人感到厌恶。人和人之间最有意义的关系并不能通过市场上的交易实现，也不是程式化的数据交换。人类并不是网格上的结点。人类的关系要求信任、礼貌和牺牲，但是，在技术统治论者看来，这些都代表着低效率和麻烦。社会依附关系中没有了摩擦并不能加强人和人之间的关系，只会弱化关系。这看起来更像是顾客和产品之间的关系——建立容易，破裂也容易。

就像事事操心的家长，他们永远也不会让孩子去独立完成某事，谷歌、Facebook和其他个人软件制造商最终都贬低甚至擦除了某些人类的特质，至少在过去，这些特质是一个完整的、旺盛的生命所必不可少的：独创性、好奇心、独立性、坚持不懈和勇气。可能在未来，我们只能间接地通过屏幕里的虚拟人物在幻想世界里冒险来感受这些品质，就像约翰·马斯顿那样。

The Glass Cage

How Our Computers Are Changing Us

第八章

内心的低语

The Glass Cage

How Our Computers
Are Changing Us

12 月中旬一个寒冷、雾气蒙蒙的星期五晚上，公司的节日晚会结束，你驾车回家。事实上，你是在搭车回家。你最近买了人生中的第一台自动驾驶汽车——由谷歌编程、梅赛德斯制作的eSmart电子轿车，软件就安装在方向盘上。你从自动调节的LED车前灯发出的光亮可以知道，路面有的地方结了冰，而且你知道，多亏了不断自动调节的仪表盘，汽车相应地调节车速和牵引设置。一切都进展顺利。你放松下来，思绪回到了晚上那夸张的欢宴。但是，当你离家只有几百码了，行驶过一段树木茂盛的路段时，突然，一只动物冲到路上，停了下来，正对着车。你认出来那是邻居家的比格猎狗，它总是挣脱绳索跑出来。

你的机器人司机会怎么做？它会紧踩刹车吗？为了救这条狗而冒着打滑失去控制的风险？或者，它会把"脚"从刹车片上移开，牺牲这条狗，确保你和这辆车的安全？它将如何对所有的变量和可能性进行分类整理、权衡利弊，瞬间给出答案？

如果算法计算出踩刹车，则狗获救的概率是 53%，但是有 18% 的可能会毁坏车，4% 的可能你会受伤，这是不是就得出结论，应该救那条狗呢？软件自行运算，它能够同时兼顾现实后果和道德后果，将一组数据转化为决策吗？

如果路中间的狗不是邻居家的宠物而是你自己的宠物该怎么办？如果还是这个情境，马路中央不是一条狗而是个小孩呢？想象一下，早上上班途中，翻阅着一夜积累下来的邮件，自动驾驶汽车载着你穿过桥梁，车速一直保持在每小时 40 英里。一群学生也在朝桥这边走。他们在你车道旁边的人行道上奔跑。这些小孩看起来年龄不是很小，行为举止也比较乖巧，旁边还有大人照看。没有什么危险信号，但是车还是慢慢降低了速度，因为计算机为了确保安全宁可犯点儿错误。突然，孩子们打闹起来，有一个小男孩被推到了路中央。而此时，你正忙着发短信，没有留意到正在发生的事情。你的汽车必须做出判断：要么急打轮，冲出现有车道，变到反向车道上，这可能会要了你的命，要么就会撞到小孩。软件会给方向盘下达怎样的指令？如果程序知道你的孩子坐在车后面配有传感器的座椅上，这会影响它的决定吗？如果反向车道有车辆迎面驶来呢？如果对面驶来的是校车呢？艾萨克·阿西莫夫的机器人法则第一条——"机器人不能伤害人类，也不能无所作为，让人类受到伤害"听起来很合理，让人备感安慰，但是现实世界要比法则中假设的世界复杂得多。

纽约大学心理学教授盖里·马库斯表示，自动驾驶汽车时代的到来不仅"标志着人类又一项技能的终结",还昭示着一个新时代的到来,在这个时代里,机器必须拥有"道德体系"。有的人可能认为,现在已经进入了这个时代。在一些小的方面,我们已经开始将道德决策交给计算机,这是个不祥的征兆。想想现在比较普遍的机器人吸尘器伦巴。伦巴分不清灰尘和虫子。它不加区分,全都吞下去。如果一只蟋蟀经过,就会被伦巴吸进去而丧命。许多人在吸尘的时候,也会从蟋蟀身上轧过。他们不重视虫子的生命,至少当虫子入侵了他们的家园时是如此。但是其他人会停下手中的工作,捡起蟋蟀,带到门口放生。(古老的印度宗教——耆那教的信徒认为伤害生命是一种罪过;他们非常注意,不杀害或伤害昆虫。)当我们按下伦巴的按钮,让它开始在地毯上工作时,我们就给了它权力,代表我们做出了道德的选择。机器人割草机,比如LawnBott和Automower,每天都要和比它们更高等生命的死亡打交道,包括爬虫、两栖动物和小型哺乳动物。在割草的时候看到一只蟾蜍或者前方地上有一群老鼠的话,大多数人都会有意地躲开,如果他们偶然碰到了,就会觉得很恶心。而机器人割草机会杀了这些动物,不会有任何不安。

到目前为止,关于机器人和其他机器的道德问题一直停留在理论层面,科幻小说或想象中的事情也只是在哲学范围内进行试验。对道德的考量经常会影响工具的设计——枪有保险栓,车有限速器,搜索引擎有过滤装置,但是机器不需要有思维意识。它们不需要实时调整运行状况以应对各种各样的道德问题。在过去，如果出现技术使用的道德问题，人们会插手干预，把事情调查清楚。在未来，却无法始终做到这一点。因为机器人和计算机感知世界和自动执行的能力越来越强，它们不可避免地会面临没有正确选择的局面。它们不得不自己解决令人苦恼的决定。而如果不能自动做出道德的选择，也就不可能实现人类活动的完全自动化。

当遇到道德伦理判断时，人类会暴露许多缺点。我们经常犯错误，有时候是出于混乱或粗心大意，而有时是出于故意。很多人争辩说，相比于人类立即做出的决定，机器人分拣选项、预估可能性和衡量后果的速度非常快，这使得它们的选择更明智。这是事实。在某些情况下，特别是在只是钱或其他财产受到威胁时，能够对可能性进行快速计算就足够了，就能以此做出行动判断，带来最优结果。虽然可能会造成交通事故，但一些人类司机在交通灯刚变红时会快速闯过马路。计算机却永远不会这么匆忙地做出决定。但是，两难境地并不会这么容易就得到解决。要用数学的方法解开这些难题，你就会面临一个更基本的问题：在道德模糊的局势下，谁决定什么是"最优的"或"理性的"选择？谁将为设计了机器人而感到自责？是机器人的制造商吗？机器人的主人？软件程序员？政客？政府法规？哲学家？还是保险承保人？

没有完美的道德算法，我们不能将道德伦理简化成一组人人都赞同的规则。哲学家为此努力了几个世纪，但都失败了。即使是冷冰冰的功利计算也具有主观性，计算结果取决于决策者的价值观和利益。车辆保险公司的理性选择——牺牲狗的性命，可能不会是你的选择，当你要撞向邻居家的宠物时，无论是有意还是自然反应，你都不会这样做。政治科学家查尔斯·罗宾说："在机器人时代，我们和从前一样被道德绑架，甚至比以往更严重。"

尽管如此，我们仍要编写算法。计算出摆脱道德困境的方法可能有点异想天开，甚至让人厌恶，但是这并不会改变现实——机器人和软件代理商正在算计如何摆脱道德的两难境地。除非直到人工智能具备些许意识，能够感知或至少模拟人类情绪，例如喜爱和后悔，否则我们那些靠计算运作的"亲戚"就会无路可走。我们可能会后悔在没想好如何赋予自动化道德感之前，就让他们进行涉及伦理道德的行为，但光是后悔不会让我们摆脱困境。道德系统要依靠我们。如果自动化机器要在这个世界大行其道，我们就要把道德代码完美地转化为软件代码。

伦理的挑战：杀缪机器

再假设另一番情景。你是一名陆军上校，手下的士兵有人类也有机械战士。你有一个排的由计算机控制的"机器人狙击手"，它们驻扎在城市的各个街角和楼顶上，共同守卫这座城市，抵抗一个游击队的攻击。这时候出现了一个人，经验告诉你他很可疑。机器人根据实际情况，结合历史行为模式数据库信息进行了全面分析，立刻计算出这个人有 **68%** 的可能性是叛乱分子，正准备引爆炸弹，他只有 **32%** 的可能性是个无辜的路人。这时候，一辆人员运输车载着十几名士兵沿着这条路驶过来。如果这里已经安置了炸弹，那个人随时可能引爆它。战争没有暂停键。机器人也不能运用人类判断，只能做出行动。软件会给机器人下达什么样的指令？射击还是不采取行动？

如果说我们作为平民百姓，还没有面临自动驾驶汽车和其他自动化机器人带来的道德影响，但在军队里，情况就完全不同。近几年，国防部门和军校一直在研究将生死权交给战地机器人的方法及其带来的影响。无人驾驶飞机投射导弹和炸弹已经很常见了，例如"捕食者无人机"和死神无人机。它们已经成了人们热议的焦点。持不同观点的人都颇有道理。支持者认为，无人机可以让士兵和飞行员免受危险，同传统的搏斗和轰炸比起来，无人机可以通过精准的攻击降低伤亡和破坏程度。而反对者认为，无人机攻击是政府支持的暗杀行为。他们指出，爆炸通常会造成平民伤亡，更不用说引起的恐慌了。但是，无人机并不是自动化的，而是需要人类远程控制。飞机的飞行和监视功能可以自行运转，但是开火的决定是由士兵下达的，士兵坐在计算机前，观察着实时录像反馈，严格执行上级的命令。按照现在的部署来说，携带导弹的无人机同巡航导弹和其他武器没什么区别，仍然需要人来发动攻击。

如果由计算机来扣动扳机，那情况就会大有不同。完全自动化的计算机控制的杀人机器——军方称之为致命的自动化机器人（LAR），现在来看在技术上是可行的，并且很多年前就已经实现了。环境传感器可以对战场进行高分辨率的精准扫描，自动射击装置广泛使用，控制机枪射击或发射导弹的编码也不难写。对于计算机来说，开火决定同股票交易或将邮件转入垃圾邮箱的指令没什么两样。算法只是算法。

2013 年，南非法学家克里斯托夫·海恩斯作为联合国大会法外执行、立即执行和强制执行决议的记录员，就军队机器人的现状和未来展望公布了一份报告。报告客观谨慎，让人看了感到阵阵寒意。海恩斯写道："政府能够制造 LAR，但是也声明，根据目前情况来看，不会在武装冲突或其他场合使用。"但是，海恩斯又提出，武器的历史表明，我们不应该过分相信这些保证。"回想一下，飞机和无人机最开始应用于武装冲突只是出于监察目的，因为可能带来负面影响，所以不能用于攻击。而后来的情况表明，当技术具有更多明显的优势时，最初的想法就被抛弃了。"一旦一种新的武器问世，总是会伴随着军备竞赛。从这一点来看，"特权阶层的权力会阻碍人类采取相应的控制"。

在许多方面，同平民生活相比，战争存在固有模式。有交战规则、指挥体系和界限分明的双方。杀戮不仅是可以接受的，甚至还受到鼓励。即使是出于道德的战争，也会带来些无法解决的问题，或者至少必须抛开道德顾虑才能解决这些问题。2008 年，美国海军委任加州理工大学的道德和新兴科技小组编写一份白皮书，回顾 LAR 带来的道德问题，并列出设计军用"道德自动化机器人"的方法。伦理学家认为,有两种基本的方式,可以为机器人编写计算机程序,做出道德决策:自上而下和自下而上。自上而下的方式是指,提前编写好控制机器人决策的所有规则,机器人只需遵守这些规则,"不需要改变,也不用具有灵活性"。阿西莫夫在尝试制定机器人道德体系时发现,这个体系听起来很简单,但其实不然。我们无法预测机器人可能遭遇的所有情况。自上而下变成的"严格性"会弄巧成拙,学者写道:"当出现某些事件或局势,是程序员没有预见的或设想不充分的,就会导致机器人无法工作,或犯下可怕的错误,这正是因为机器人是受规则束缚的。"

而自下而上的编程方法是指机器人被嵌入一些基本的规则,然后投入使用。这种方式利用机器的自学技术,培养机器人自己的道德编码,并根据遇到的新环境加以调整。"就像个孩子,机器人面临纷繁复杂的局势,通过尝试和错误(以及反馈),学习认识新事物以及行为禁忌"。机器人遇到的困境越多,道德判断就越合理。但是,自下而上的编程方法会带来更严重的问题。首先,这是无法实现的。我们还没有发明出来能够做出道德决策的精密且稳定的机器自学算法。其次,在攸关生死的情况下,也不允许尝试或犯错误。自下而上这种编程方法本身就是不道德的。再次,我们无法保证计算机衍生出来的道德可以反映人类的道德,或同人类的道德标准相适应。带着机关枪和自学算法走上战场,机器人只会失去控制。

伦理学家指出,人类可以将自上而下和自下而上两种方式结合起来，用于道德决策。人类社会里有法律和其他束缚，可以引导和控制人类的行为；许多人为了遵守宗教和文化训诫而规范自己的决定；无论是天生与否，个人的道德观，都会影响具体的行为规范。经验有时也会产生影响。人类在不断成长的过程中也在学习如何成为道德生物，同不同情况下的道德决策做斗争。我们远非完美，但是大多数人拥有道德判断力，可以灵活应对我们未曾遇过的困境。机器人拥有道德的唯一方式就是以我们为参照，采取综合编程方式，既遵守规则，也要通过实际经历学习。但是创造拥有这种能力的机器远远超出了我们的技术能力范畴。伦理学家总结道："最终，我们也许能够创造出拥有道德智慧的机器人，既能保持自下而上系统动态、灵活的道德感，调节不同的输入，也能根据自上而下原则，影响选择和行为评估。"但是，在这之前，我们需要研究如何编写计算机程序来打造这种"超理性能力"——拥有情绪、社交技能、意识并且"在这个世界上拥有具身"。换句话说，我们得成为上帝。

军队可不会等那么久。美国陆军战争学院杂志《参变量》（*Parameters*）上发表了一篇文章，在文中，军事战略家、退伍陆军中校托马斯·亚当斯表示："逻辑引导的完全自动化系统的出现是不可避免的。"得益于自动武器的速度、尺寸和灵敏性，战争"正脱离人类的感官领域"并且"在人类反应速度之外徘徊"。很快，战争会变得"过于复杂"，"人类难以理解"。亚当斯回应坚持以技术为中心的民用软件设计师，他表示，人类成了军事体系里最薄弱的一环，并且人类对战争决策"有意义的控制"将是下一个消失的对象。"当然，有一种解决办法，就是接受相对较慢的信息处理速度，这是在军事决策中保留人的参与所付出的代价。但是问题在于，反对者最终会发现，要打败以人为中心的系统就必须要设计出另一个系统，不受人类限制。"最终，亚当斯认为，我们会认为"战术战争是属于机器的，根本不适合人类"。

阻止LAR最困难的一点不是机器人在战术上是否能够发挥作用，而是部署了机器人以后，除了机器自身所具有的外在的道德，还会有一些其他伦理优势。人类战士具有基本的本能，在激烈、混乱的战场上，这种本能会触动人的内心，而机器人则没有这种本能。它们不会感到压力、沮丧或涌动的冲动情绪。克里斯托夫·海恩斯写道："一般来说，机器人不会表现出复仇、慌乱、愤怒、怨恨、偏见或恐惧。除此之外，如果没有特殊编写的程序，机器人也不会故意给平民带来伤害，例如折磨拷问。机器人也不会强奸人。"

机器人不会撒谎，也不会掩饰自己的行为。我们可以通过编程，让它们"留下数字轨迹"，这样有助于提高军队的责任感。最重要的是，用LAR发动战争可以避免本国士兵伤亡。杀手机器人既能杀人也能救人。一旦人们清楚地认识到自动化士兵和武器可以降低子女在战争中遇害或致残的可能性，就一定会迫使政府实现战争自动化。用海恩斯的话来说，机器人缺乏"人类判断、常识、大局观、揣摩行为背后的意图的能力以及价值观理解力"，这一缺点可能最终并不重要。事实上，虽然机器人在道德方面存在欠缺，但还是具有其自身的优势。如果机器具有人类的思考和感知特性，我们就不会那么乐观地把它们送上战场，看着它们毁灭了。

路途越来越艰险。海恩斯指出，机器人士兵在军事和政治上的优势也给它们带来了道德困境。部署LAR不仅会改变战争和小规模冲突的方式。政客和将军最初决定是否参战的考虑也会发生变化。造成灾难性的平民伤亡一直是阻止战争、促进和谈的一大因素。因为LAR将降低"武装冲突的人类成本"，公众会"越来越远离"军事争论，"把是否派遣军队的决定作为一个经济或外交问题，交给政府去解决，这就促成了军事冲突'标准化'。可能因此，LAR就会降低国家参战或采取致命性武器的门槛，这样一来，军事冲突就不再是解决问题的最终手段"。

每一种新式武器的诞生都会改变战争的本质，能够远程发射或引爆的武器，例如弹射器、地雷、迫击炮、导弹，一般都具有非常大的威力，既包括预期威力，也包括未预料到的影响。自动杀戮机器的影响可能远远超过了之前所有的武器。机器人自发开出的第一枪将震惊全世界。它将改变战争，甚至可能彻底改变这个社会。

深层自动化

机器人杀手和无人驾驶汽车给社会和伦理带来了挑战，指向一些同自动化发展方向相关的重要信息，这让人感到不安。以前，人们错误地认为，替代性神话就是指一项工作可以分成若干个独立的任务，并且，可以在不改变整个工作本质的前提下，实现各个小任务的自动化。这个定义需要得到扩展。随着自动化范围的扩大，我们不断认识到，社会可以被分成若干个独立的活动领域——例如工作、休闲或政府范畴的活动领域，在不改变整个社会性质的前提下，可以实现每个活动领域的自动化。世间万物都是相连的——改变了武器就改变了战争，当计算机网络使联系清晰化，事物之间的联系也会变得更紧密。从某些程度来讲，自动化达到了一种临界值。自动化开始塑造社会规范、人们的假设和伦理道德。人们看待自身和看待他人关系的方式各不相同，随着技术角色的不断变化，人们会调整个人能动性和责任感。人们的行为也发生变化。人们希望计算机能起到辅助作用，但是，当人们无法获得计算机的帮助时，就会感到迷茫。软件承担了计算机科学家约瑟夫·魏泽鲍姆所说的"强迫性要务"，"人们必须依靠软件才能打造自己的世界。"

20 世纪 90 年代，互联网泡沫开始膨胀，人们兴奋地讨论"普适计算"。很快，专家警告人们，微型芯片将渗入各个角落——嵌入工厂机器和仓库货架，附着在办公室、商店和家里的墙上，埋在地下悬浮在空气中，内置到购买的商品里，编织进衣物，甚至在我们的身体里游荡。微型计算机装配了传感器和收发器以后，可以测量所有我们可以想到的变量，从金属属性到土壤温度到血糖变化，计算机通过互联网将读数传送给数据处理中心，在数据处理中心里，更大型的计算机将对数字进行处理，输出指令，保证一切都保持规范性和同步化。计算将无处不在；自动化将环绕在周围。我们生活在电脑技术狂的天堂，整个世界是一台可以编程的机器。

这场狂潮的一大源头就是施乐帕克研究中心，据传说，史蒂夫·乔布斯的麦金塔电脑的灵感就来自这间位于硅谷的研究实验室。施乐帕克研究中心的工程师和信息学家公布了一组报告，描述了在未来，计算机将深入"日常生活的每一个角落"，"无法同生活分离"。我们甚至对周围正在进行的计算毫无察觉。我们被数据包围，享受着软件的服务，以至于我们不再为信息过载而感到焦虑，"一切都是那么平静"。这听起来像是田园般的生活。但是，施乐帕克研究中心研究员不是盲目乐观。他们也表示，可以预见到这个世界将会令人感到担忧。他们担心无处不在的计算系统会成为专制独裁者隐秘的理想场所。该实验室首席技术专家马克·维瑟 1999 年在《IBM 系统期刊》（*IBM System Journal*）上发表了一篇文章，他写道："如果计算系统无边无形，就很难知道谁在掌控，事物之间存在怎样的联系，信息的流向，以及信息的使用情况。"我们会对运行该系统的人员和公司给予充分的信任。

人们对无处不在的计算感到兴奋可能过于草率，同样，焦虑也没有必要。20 世纪 90 年代的技术还不能把世界变成机器可读的模式，在互联网泡沫破灭之后，投资者没有心情再提供资金，去到处安装昂贵的微型芯片和传感器了。但是，在随后的 15 年里，情况发生了很大变化。现在，经济方程式已和以往大不相同。计算设备和高速数据传送的成本大幅下降。许多公司，例如亚马逊、谷歌和微软已经设计出了数据处理的实用程序。他们建立了云计算网格，能够通过高效集中的设备收集和处理大量信息，然后传送给智能手机、平板电脑上运行的应用，或是传送给机器的控制电路。制造商投资数十亿美元为工厂配备联网的传感器，技术巨头（如通用电气、IBM 和思科）希望引领创建"物联网"，他们争相制定结果数据的分享规则。计算机现在非常普及，即使是世界微微抽动一下，也会被计算机用二进制数据流记录下来。我们可能并不是"沉浸在平静之中"，但确实浸泡在数据里。现在看来，施乐帕克研究中心好像就是先知。

工具和基础设施之间存在很大差别。当大量系统和网络运行以后，工业革命才达到顶峰。19 世纪中期的铁路建设扩大了公司所辐射的市场范围，为机械化大生产和越来越大的规模经济提供了动力。几十年后，电网的诞生开启了工厂装配线的进程，工厂可以采用并且支付得起各种形式的电器设备，这推动了消费主义，工业化走进了千家万户。新的运输网、电网、电报、电话以及随之诞生的广播系统改变了社会。它们改变了人们工作、娱乐、旅行、教育甚至构建社区和家庭的方式。它们改变了生活的步伐和本质机理，远远超出了工厂蒸汽机械的影响。

托马斯·休斯在《能量之网》（*Networks of Power*）一书

中回顾了电网的诞生所带来的影响，他写道，工程文化、商业文化以及最终的大众文化会进行自我重塑，以适应新系统。他表示："人类和各个机构体系在发展自身特性时会迎合技术的特征。人类、思想和组织体系之间的系统性互动，无论是技术层面的还是非技术的，都引发了一种超级系统——社会技术系统，它四通八达且流动性大。"从这一点看来，无论是电力行业、生产模式还是相关的人类生活，技术动量都站稳了脚跟。"通用系统是传统动量的聚合。它的发展平缓，系统变化也只是功能更加多样了。"发展进程找到了最佳方式。

现在我们的经历同自动化历史上的某一刻类似。社会在不断调整，以适应无处不在的计算基础设施——比当时接受电网的速度还要快，社会正在被重塑。工业操作和商业关系背后的种种假设都发生了变化。圣菲研究所经济学家、技术理论家W·布莱恩·亚瑟解释说："人类之间早已形成将商业流程都交给电子化技术来执行的习惯。""在一个看不见的领域里，商业实现了严格的电子化。"亚瑟以欧洲范围内的船运流程作为例子。几年前，需要有许多人挥舞着写字板进行指挥。他们登记进出港情况，核对货单，检查货品，签字盖章批准许可，填写书面文件，写信或打电话给其他参与协调或规范国际货运的工作人员。货运路线的更改需要各方代表（发货人、收货人、运送者、政府机构）辛苦沟通，会带来更多的文案工作。现在，每件货物都配有射频标码。当货物通过港口或是中转站时，扫描仪读取标码，将信息传送给计算机。计算机再把这些信息转交给其他计算机，这些计算机一起协同工作，进行必要的检查，提供所需的认证，按需更改计划，并确保货运各方都能获取货运状态的当前数据。如果需要新的路线，计算机会自动生成，并更新标码和相关数据存储库。

这种广泛的信息自动交换已经成为经济领域的常规惯例。正如亚瑟所说，"完全在机器之间进行的、大量的机器会话"正在逐渐接管商业运作。要进入商业领域，就需要有能够参与这种会话的联网计算机。比尔·盖茨告诉公司管理人员："你知道，你已经建成了一个非常好的数字神经系统，信息在机构内部流通就像思维在人体内发挥作用一样，快速且自然。"任何大公司，如果想要生存下来，没有别的选择，只能实行自动化，并且要不断推行自动化。公司需要重新设计工作流程和产品，从而实现更大规模的计算机监控，还要严格限制供应和生产过程中人员的参与程度。毕竟，人类跟不上计算机的速度，只会拖慢会话的速度。

科幻小说作家亚瑟·C·克拉克曾经问道："人机结合是否具有稳定性？或者纯粹的有机成分是否会成为障碍，必须被抛弃？"至少在商业领域，在我们可以预见的未来，人类和计算机之间不存在固定分工。现在通行的计算机化的交流和协作方式几乎已经确定了，人类的角色将逐渐弱化。我们设计的系统将把我们自己抛弃了。如果未来几年，因为技术发展造成的失业现象越来越严重，其原因应该是我们新安装的底层的自动化基础设施，而不是工厂里的机器人或是办公室里的决策支持类应用。机器人和各种应用软件只是盛开在地上的看得见的花朵，但它们的自动化根系深埋地下、四处蔓延、嵌入土壤。

这个根系也为自动化供给养分，向更广阔的文化范围延伸。从政府服务条款到维系亲友关系，社会在逐渐转型，以适应新的计算机基础设施所勾勒的社会轮廓。这些计算机基础设施精心协调数据的即时交换，使得无人驾驶汽车和机器人杀手军队成为可能。提供个人或集团决策的预测算法也从计算机基建中获取预测材料。它支撑着教室、图书馆、医院、商店、教堂和家庭的自动化——从传统意义上来讲，这些场所同人类息息相关。美国国家安全局和其他侦查机构、犯罪团伙以及业务庞杂的公司，都借助计算机基建设施进行监控和谍报活动，并且活动的规模巨大，前所未有。这些远远偏离了公共机构和个体同小屏幕的"会话"。也正是由于这些基建，各式各样的计算工具指引我们每天的生活，按时发出个性化的提醒、指令和建议。

还要再提一下，人类和各个机构正在开发自身特点，以适应现在通行的技术。工业化没有把我们变成机器，自动化也不会把我们变成机器人。人类没有那么简单。但是自动化的扩张让我们的生活越来越程式化。证明人类智慧和创造性的机会越来越少，自力更生原来曾作为人类的主要特性，现在也很少有机会展现。除非我们再思考一下未来的前进方向，否则技术的狂潮将朝着这个方向不断加速前进。

透过玻璃

这是一场非常有趣的演讲。2013 年 2 月底，TED①会议在洛杉矶附近的长滩表演艺术中心举行。讲台上演讲的男子衣着邋遢，略显不安，讲话的声音犹犹豫豫，他就是谢尔盖·布林。据说，在谷歌的两个创始人中，布林还算是性格相对外向的。他正站在讲台上展示一种眼镜，是谷歌设计的"头戴式计算机"。播放了一段简短的推广视频后，布林开始嘲讽起智能手机。谷歌曾经通过自家的安卓系统推动智能手机成为现在的主流设备。他从兜里掏出自己的手机，鄙夷地看着它。他说，使用智能手机是"一种柔弱的表现，你明白的，你坐在那儿，什么也不做，只是用手指滑动这个毫无特点的玻璃屏"。布林表示，智能手机会造成"社交孤立"，并且低头盯着屏幕还会削弱人对外部世界的感知能力。"你就想这样对待你自己吗？"

布林放下了手机，开始宣扬谷歌眼镜的优点。他表示，这个新设备会提供一种高级"形状因子"，可用于个人计算。人们的双手解放了，也不必再低着头，可以目视前方，同周围的事物重新建立起联系。人们重新融入了这个世界。谷歌眼镜还有其他优点。戴上谷歌眼镜以后，计算机屏幕一直处于人的视线之内，只要谷歌眼镜觉察到人们需要建议或帮助，谷歌就能

---

① TEP 指 technology（科技）、entertainment（娱乐）、design（设计）的英文缩写，是美国一家私有非营利机构，该机构以它组织的 TED 会议著称，会议宗旨是"值得传播的创意"。——编者注

通过谷歌即时资讯服务或其他追踪和个性化程序向人们传递相关信息。谷歌公司将最大限度地实现公司的愿景：信息流自动进入人类大脑。有了谷歌眼镜就忘了自动补全的谷歌搜索提示服务吧。布林回应同事雷·库兹韦尔的言论，他表示，戴上谷歌眼镜，你再也不用进行网页搜索了。你不必构思搜索关键词，不用在搜索结果中挑挑拣拣，也不必按照长长的链接转到具体的网页。"在你需要的时候，信息就会自动来到你面前。"计算机将成为无处不在的全知者。

布林笨拙的演示惹来了技术博主的嘲笑。但是，他说的还是有道理的。智能手机使人着迷，但也会让人堕落。人类大脑不能同时关注两件事。朝手机屏幕瞥一眼或是翻阅一下手机都会把我们从周围环境中抽离。手里握着手机时，我们好像变成了幽灵，在现实和虚拟两个世界间摇摆。当然，人总是容易分心的，思维总是四处游荡，注意力也会分散。但是，从没有哪个工具能像这样一直俘获我们的感官，分散我们的注意力。就像布林暗示的那样，智能手机将人类同一个符号化的世界联系起来，将我们驱逐出当下的现实世界。我们丧失了存在的力量。

布林保证谷歌眼镜会解决这个问题，但这无法令人信服。毫无疑问，如果有时使用计算机或相机时可以不用手，确实是个优势。但是，盯着悬浮在面前的屏幕也需要投入一定的注意力，不比浏览手里的手机少，可能还需要更多的注意力。对使用平视显示设备的飞行员和司机进行的研究表明，人们观看投放在外界环境上的文字和图片影像时，很容易产生"注意力隧道效应"。人的焦点会缩小，眼睛盯着显示图像，忽略视野内的其他事物。研究人员在飞行模拟器中进行了一项实验，使用平视显示设备的飞行员降落时要花费较长的时间才能发现有一架大型飞机挡在跑道上，而没有佩戴平视显示设备的飞行员低头扫一眼仪表读数，再抬头就能很快发现这一问题。其中有两名佩戴平视显示设备的飞行员甚至完全没有注意到正前方停着的飞机。心理学教授丹尼尔·西蒙斯和克里斯托弗·查布利斯2013 年发表了一篇关于谷歌眼镜危害的文章，指出"感知能力需要双眼和大脑的共同参与，如果你的思维被占用了，你就无法注意到原本非常明显的事物了"。

由于采用了类似的设计，谷歌眼镜也很难避免这个问题。谷歌眼镜位于眼睛上方，时刻准备着，它只需一个眼神就能调取图像。至少手机可以被塞进口袋或手包里，或者也能放进汽车的杯托里。事实证明，你可以通过说话、移动头部、手势和指尖触摸同谷歌眼镜互动，这就对使用者思维和感官的参与度有更高的要求。而眼镜发出的来电提醒和信息提示的声频信号——布林在 TED 演讲时夸耀，"能通过头盖骨传送"，不像电话的嘟嘟声和蜂音那样突兀扰人。但是，打个比方来说，谷歌眼镜就像是附着在前额的计算机，只会让情况变得更糟。

无论是谷歌眼镜那样的头戴式设备抑或是腕上的 Pebble[①]

---

① Pebble 是由硅谷创业公司 Pebble Technology 公司设计的一款兼容 iPhone 和 Android（安卓智能操作系统）手机的智能手表，用户可以直接通过 Pebble 手表查看设备中的短信。——编者注

智能手表，这种可穿戴式计算机都是新鲜事物，它们究竟具有多大的吸引力，暂时还无法定夺。如果想要受到普遍欢迎，它们需要战胜某些大的障碍。现在看来，可穿戴式计算机没有什么优势，它们看起来甚至有点蠢——伦敦《卫报》称谷歌眼镜是"可怕的眼镜"。并且，可穿戴计算机内置的微型照相机让许多人感到不安。但是，就像之前的其他个人计算机一样，很快，可穿戴计算机就会升级，它们会变得不那么突兀，功能也会增加。现在看来，在身上佩戴计算机是一件很奇怪的事，但是在未来 10 年，这将成为一种常态。我们甚至会吞下药片大小的纳米计算机，以观察体内的生物化学变化和器官的功能。

但是，布林认为谷歌眼镜和其他可穿戴式设备将开拓计算新时代的想法是错误的。它们会给已有的技术动量注入更多能量。随着智能手机和平板电脑越来越普及，网络计算机更加便携化、私人化，可穿戴式设备的出现让软件公司能够更多地融入我们的生活。软件应用价格低廉、界面友好，可穿戴式设备甚至可以通过云计算基础设施使最平凡的琐事也实现自动化。计算机化的眼镜和腕表进一步拓展了自动化的领域。有了这些设备，使用者在走路或骑车的时候能够非常轻松地获取路线信息，算法还可以生成建议，告诉使用者下一顿饭去哪儿吃或晚上出去穿什么。可穿戴式设备还可以作为人类传感器，将用户的位置、想法和健康状况传送给云。这样一来，软件编写人员和软件所有者就有更多机会将越来越多的日常活动自动化。

意愿的松动

我们进入了一个循环，是良性循环还是恶性循环，这取决于你的看法。随着我们越来越依赖应用和算法，我们也变得越来越离不开它们的帮助——我们经历了"技术隧道效应"，也经历了"注意力隧道效应"。这使得软件更加不可缺少。自动化繁衍出自动化。每个人都希望通过电子屏幕来管理自己的生活，自然地，社会也改变了自身的惯例和规程去适应电脑的惯例和规程。无法运用软件完成的事物——经不起电脑运算考验并因此抗拒自动化的事物开始显得可有可无。

施乐帕克研究中心的研究员表示，早在 20 世纪 90 年代，我们就应该知道，当我们不再去注意是否存在电脑运算的时候，就说明它就已经无处不在了。电脑是如此彻底地陷入了我们的生活，以至于我们将根本看不见它们。我们"不自觉地用它们来完成每天的任务"。这在当时来说似乎是个白日梦，笨重的电脑常常死机、瘫痪，或者在关键时刻做出不合时宜的举动。而现在，我们的白日梦也不是完全不可能实现。许多电脑公司和软件公司都表示正在努力将产品变得无形。来自硅谷的杰出企业家杰克·多西表示，"我对科技完全消失这件事感到特别兴奋。我们正在就此与 Twitter（推特）合作，我们也正在与移动支付公司 Square 合作"。马克·扎克伯格经常将 Facebook 称为"一种公共设施"，他是在传递一种信号，他想让社交网络融入我们的生活，就像电话系统和电网那样。苹果公司将iPad宣传成一种可以"完成工作"的设备。说到这里，谷歌更是将谷歌眼镜推销成一种"解决科技问题"的设备。谷歌总工程师维克·冈多特拉最近在旧金山发表了演讲，他甚至在这条标语上加上了嬉皮士标签："科技应该被扔到一边，这样你才可以去生活，去学习，去爱。"

技术人员也许确实夸大其词，但是他们并非玩世不恭。他们的确相信我们的生活变得越计算机化，我们就会越幸福。毕竟，这是他们自己的亲身经验。但是他们的抱负只不过是自私自利罢了。如果一项广为流行的技术要变得无形，首先，它必须在人们的生活中变得必不可少，以至于人们不能想象没有它的生活。只有当一项科技把我们生活的方方面面都包围时它才会从我们眼前消失。英特尔公司的首席技术官贾斯汀·拉特纳表示，他希望英特尔公司的产品能变成人们"生活环境"中非常重要的一部分，这样英特尔就能够为人们提供"无处不在的帮助"。可以肯定地说，让顾客们如此依赖电子产品也会为英特尔以及其他电脑公司带来更多的利润。对于做生意来说，让顾客依赖你的产品这一原则是至高无上的。

将一项复杂的技术融入人们的生活，这样就能节省许多劳力或脑力，这种前景对顾客和商家来说十分具有吸引力。《纽约时报》专栏作家尼克·比尔顿写道："当技术不再成为我们的负担，我们就从中解放了。"但事情绝非如此简单。你不可能简单按一下开关就让一项技术变得无形。它只有在缓慢的文化接纳和个人适应改变之后才能消失。随着我们越来越习惯这项技术，它对我们造成的影响只会越来越大，而不是越来越小。我们也许不会去注意它对我们生活形成的限制，但是这些限制依然存在。就像法国社会学家布鲁诺·拉图尔指出的，一项为人熟知的技术的无形是"一种光污染"。我们重塑自己以适应这项技术，但这种重塑很难发觉。最初被我们用来实现某些特定意图的工具开始向我们身上强加它的意图，或者是其创造者的意图。拉图尔写道："如果我们不能认识到一种技术的使用是如何大规模地取代、转变、修饰或是扭曲了最初的意图的话，不管这种技术多么简单，都只是因为我们按照改变方式的方法改变了目的，而且因为意愿松动，我们开始需要一些别的东西，与我们一开始想要的不同的东西。"

编程机器人汽车和士兵带来了一些伦理难题——谁操控着软件？谁负责选择优化目标？编码反映了谁的意图和利益？这些问题同生活自动化应用的发展息息相关。随着程序变得对我们越来越有影响力——影响我们工作的方式、看见的信息、旅行的途径、交往的方式，这些程序变成了一种远程控制。不像机器人或无人机，我们有拒绝软件指令和建议的自由。虽然要避免它们的影响很难。当我们发行一款应用的时候，我们希望能获得指导——我们使自己处于机器的照顾之下。

让我们细说下谷歌地图。当你在城市中旅游并使用这款应用时，它给你提供的不仅仅是导航参考，它会使你获得一种思考城市的方式。嵌入在这款软件中的是一种地点哲学，它反映了谷歌的商业利益、程序员的背景和偏见，以及软件在空间表现上的优势和局限性。谷歌在 2013 年推出了新版地图。它改变了展示城市的方式，这款地图是为每位谷歌用户量身定做的，它满足了每个人的不同需要和渴望，而这样做的基础就是谷歌之前在你身上搜集过的资料。这款应用会把附近的餐馆和你的社交好友推荐的其他目标点突出显示。它会给出你过去的导航选择。谷歌表示，用户的视野是"独一无二的，总是能够适应您当下的要求"。

这听起来很有吸引力，却很有局限性。谷歌选择了褊狭的个性化，过滤了意外发现的乐趣。它用算法消毒剂清理了一座城市所具有的各种传染性。可以说，看待一座城市的最重要的方式消失了——不仅仅是与朋友一起，而且是与一大群不同的陌生人一起分享公共空间。技术评论家耶夫根尼耶·莫洛佐夫评论道："谷歌的都市生活方式是那些想要开着自动驾驶汽车去购物中心的人的生活方式。这十分功利主义，甚至是自私的，很少甚至根本没有考虑到公共空间的问题。在谷歌的世界里，公共空间只是横在你家房子与你想去的著名餐馆之间的东西。"便利性高于一切。

社交网络迫使我们以符合其背后公司利益和偏见的方式来呈现自己。通过Facebook的大事年表和其他的纪录片专题可以看出，Facebook鼓励用户将个人的公共形象和身份融为一体。它希望将他们锁在一个单一的、统一的"自我"里，贯穿始终，从孩童时代到生命终点。这符合公司创始人对于自我及其可能性的狭隘概念。马克·扎克伯格说过："你拥有一种身份。

以前，你在工作好友或同事以及熟人面前呈现的是不同的形象，这种日子也许马上就要到头了。"他甚至认为"拥有两重身份就是不诚实的表现"。这种观点一点儿也不出人意料，同Facebook想要将用户包装成整齐划一的数据集卖给广告商的愿望相吻合。对于公司来说，让人们觉得不应该太注重个人隐私就会给公司带来额外利益。如果拥有一重以上的身份就表明不诚实，那么，渴望保持某些不同于公众观点的想法或行动显示出的就是性格的懦弱。但是我们可以粉碎Facebook通过软件强加给我们的自我概念。自我很少是确定的，它有种千变万化的品质。它形成于自我探索中，随着环境而变化。这在人们年轻时尤为如此，那时，一个人的自我概念是不固定的，它要经历测试、实验和修正。特别是在人生早期，束缚在一种身份里可能会阻止个人成长和个人实现。

每种软件都包含了这样的隐含假定。在自动化智能查询中，搜索引擎会优先考虑流行性和新近性，而不是观点的多样性、论证的精确性或是表达的质量高低。就像所有的分析程序一样，它们偏爱那些倾向数据分析的标准，而对那些需要审美经验或其他主观判断的标准毫不在乎。论文自动评分算法鼓励学生们去死记硬背写作技巧。这些程序检测不出语气，对知识的细微差别也丝毫不感兴趣，对创造性的表达也十分抗拒。故意破坏语法规则可能会让读者感到高兴，但电脑对此绝不姑息。不管是推荐电影还是推荐潜在恋爱对象的引擎都在迎合我们已经明确的欲望，而不是向我们推荐新奇意外的事物。它们认为我们更喜欢熟悉的习惯，而不是冒险；它们认为我们更喜欢可预见的事物，而不是奇思妙想。家庭自动化的技术把照明、暖气、烹饪以及娱乐程序化，一丝不苟，家庭生活被强加了一种准时准点的心态。它们不露声色地鼓励人们去适应已建立好的惯例和日程，让家变得更像工作场所。

对于软件的偏见还可以扭曲社会决策和个人决策。谷歌在推销无人驾驶汽车时表示，虽然不能完全杜绝交通事故，但无人驾驶汽车的确能够大大减少事故发生。巴斯蒂安·特龙在 2011 年的演讲中说道："你们可知道行车事故是造成年轻人死亡的头号原因？你们又是否意识到这些事故大多是人为疏忽，而不是机器错误，因此，这些死亡是否可以通过机器来避免？"特龙的话很有说服力。在管理危险活动方面，例如开车，社会长期以来都优先考虑安全性，每个人都肯定技术革命在减少事故和受伤风险中所扮演的角色。但即使这样，事情也不像特龙说的那样是非分明。目前来说，无人驾驶汽车避免事故和死亡的能力依旧是理论上的。就像我们看到的，机器与人为错误之间的关系很是复杂，很少以我们期待的那种方式呈现出来。而且社会的目标也永远不是一维的。甚至需要重新审视我们的安全需求。我们一直都知道，需要权衡法律和行为准则——安全和自由的权衡，保护自己和置自己于危险之中的权衡。我们允许、有时甚至鼓励人们进行带有危险性的嗜好、运动和其他追求。我们知道，充实的人生并不是完全孤立的人生。即使在设定高速公路的速度限制的时候，我们也在权衡安全和其他目的。

　　这样的权衡很难，而且通常在政治上具有争议，它们塑造了我们生活的社会。问题是，我们是否愿意将选择的权利转交给软件公司？当我们将自动化视作弥补人为疏忽的灵丹妙药的时候，我们排除了其他的选项。匆忙投向无人驾驶汽车的怀抱也许不仅仅会剥夺个人自由和责任，还会妨碍我们去探索降低交通事故发生概率的其他方式，例如加强驾驶员教育或是推广公共交通。硅谷对高速公路安全的担忧虽然坦诚，但也是有选择性的，这一点值得我们注意。近年来，因使用移动电话和智能手机而分心已成为造成车祸的一大原因。美国国家安全委员会的一项分析指出，在 2012 年美国公路上发生的车祸事故中，有 1/4 都是因为使用手机造成的。谷歌以及其他顶尖科技公司几乎没有做出任何努力来开发一款意在阻止人们在开车的时候使用手机接听电话、收发短信，或是使用应用程序的软件，而这绝对比建造一辆可以自动驾驶的汽车有意义得多。谷歌甚至派它的说客前往州政府，以图阻止通过禁止员工佩戴谷歌眼镜以及其他分散注意力的眼部佩戴设备的法案。电脑公司可以为社会做出重要贡献，我们对此应该表示欢迎，但是我们不应该把这些公司的利益与我们的自身利益混淆起来。

代码背后的商业动机

　　如果你不理解软件编写人员的商业、政治、智力和道德动机，也不了解数据自动处理所固有的局限性，那么你很容易就会被技术操控。正如拉图尔所说，我们冒险用他人的意念替换自己的想法，却没有意识到其实这种交换已经发生了。我们越是让自己向技术靠拢，冒的风险就越大。

我们不在意室内管道，总是忽略它们的存在，是因为我们已经习惯了。虽然我们无法修好漏水的水龙头或是罢工的马桶，但我们明白为什么会有这些管道以及它们的功能。同理，我们对大多数技术视而不见正是因为它们太普遍了。它们的运作方式以及背后的假设和利益都非常明显，或者至少是人们可以察觉到的。技术可能带来意想不到的效果——室内管道改变了人们对卫生和隐私的观点，但是它们并没有什么隐藏的动机。

但是，要是让信息技术隐形可就是另外一回事了。虽然我们意识到，信息技术存在于生活中，但是对我们来说，计算机系统还是非常艰涩难懂的。在许多情况下，软件代码作为商业机密被保护起来，我们无法窥见。即使我们能看到代码，也很少有人能明白其中的含义。我们不懂代码语言。而流入算法的数据也被隐藏起来了，它们通常存储在远端的守卫森严的数据中心里。我们不知道如何收集数据，不知道收集数据的目的，也不知道谁能够访问这些数据。现在，软件和数据不再存储在个人硬盘里，而是通过云存储的方式被集中起来，我们甚至无法确定计算机系统的工作原理在什么时候发生了变化。大众化的程序每时每刻都在进行升级改版，而我们却没有意识到。昨天使用的应用程序，可能今天就变了样。

现代世界一直都非常复杂。它被分割成一个个技术和知识的专有领域，经济系统和其他体系交错，现代世界拒绝人们进行任何尝试去了解它的全貌。而现在，这种复杂程度比以往任何时候都要强，连"复杂"本身都藏了起来。在精心设计的简洁的屏幕后面，在用户友好的界面背后，它悄悄掀起了面纱。用政治学家兰登·温纳的话来说，我们被"隐匿的电子复杂性"包围了。人们之间的"关系和联系"曾经是"人类世界的一部分"，表现为人与人、人与物的直接互动，现在却"被抽象掩盖了"。当那种神秘的技术被隐藏起来，我们最好应该提高警惕。在这一点上，技术的种种假设和意图已经渗透到人类自身的愿望和行为中。我们再也无法分辨软件是在帮助我们还是在控制我们。我们握着方向盘，却分不清是谁在驾驶。

The Glass Cage

How Our Computers Are Changing Us

第九章

事实是，劳动让我们有存在感

The Glass Cage

How Our Computers
Are Changing Us

我总会想到一句诗，特别是绞尽脑汁写这本书的时候，脑海里更是经常浮现出这句话：

　　　　"事实是劳动者所知的最美的梦。"

　　这句诗是美国诗人罗伯特·弗罗斯特的十四行诗《割草》（*Mowing*）的倒数第二句，这首诗是他创作初期的最佳诗篇之一。这首诗创作于 20 世纪之初，那时候罗伯特还是一个 20 岁出头的年轻人，刚成家不久。罗伯特当时还是个农民，他的爷爷在新罕布什尔州的东德里给他买下了一小块地，他在那里养了些鸡，照料一些苹果树。那是他人生中的一段艰苦时光。没什么钱，前途渺茫。他先后从达特茅斯学院和哈佛大学辍学，都没有拿到学位。他做过各种琐碎的工作，没有一个做出样子的。整个人处在病态当中，噩梦缠身。他的第一个孩子是个男孩，3 岁时死于霍乱。他的婚姻也麻烦不断。弗罗斯特之后回忆道："生活充满绝对专横，让我陷入混乱。"

不过，正是在东德里的那段孤独时光使弗罗斯特成了一位作家和艺术家。农场上的事物启发了他——漫长而又重复的日子、孤独的劳作、与大自然之美和大自然之无情的亲密接触。劳作的压力释放减轻了生活之累。"我在东德里那段时间曾感受到永恒与不朽，五六年间都不关心时间的存在，"他会这样描述自己在新德里的日子，"不用钟表，因为长时间不读报纸，我们的想法也显得不合时宜。如果我们能好好计划一番，或者是预测到之后遭遇的一切，这一切本可以更加完美。"弗罗斯特利用在农场劳作后的休息时间创作了许多诗歌，包括他第一本诗集《少年的意志》（*A Boy's Will*）中的大部分作品、第二本诗集《波士顿以北》（*North of Boston*）中的一半作品以及他后续诗集中的多篇作品。

选自《少年的意志》一书中的《割草》是弗罗斯特在东德里创作的最佳诗篇。也正是在这首诗中，弗罗斯特找到了自己独特的声音：语言直接、多采用会话体、充满狡黠与掩饰。（要真正理解弗罗斯特——要真正理解任何事物，包括你自己，需要多少怀疑，就需要多少信任）。和弗罗斯特所有的佳作一样，《割草》中的神秘和几近幻觉的气息掩盖了诗歌描绘的简单而又普通的画面——这首诗中一个男人正在一块田地里割草。读的次数越多，你就能体会到更深的含义，也会觉得更加奇异：

> 树林边从没有任何别的声音，
> 只有我的长柄镰对着土地低语。

它都嘀咕些什么？我可说不清；

可能说的是太阳的那股热劲，

也可能是说周围没半点声息——

所以它这才把话音压得老低。

它可没梦到忙里偷闲的造化，

或仙女精灵手中的大把黄金：

现实以外的东西好像都苍白无力。

真挚的爱令洼地成畦，

没有勉强戳起的花蕊（白兰花）、

一条绿莹莹的蛇受惊可不行。

事实是劳动者所知的最美的梦。

我的长柄镰嚓嚓低语只等干草晒成。

我们已经不再从诗歌中寻找启示，但在这首诗中，我们却看到了一个诗人对世界的感知比一位科学家更加微妙、更加敏锐。在心理学家和神经学家找到实证前，弗罗斯特就已经理解了我们现在所说的"流动"和"体验认知"的本质。他笔下的割草工不是一个被美化了的农民，也不是一幅浪漫的讽刺画。他是一个农民，一个在静寂而又炎热的夏日里辛苦劳作的农民。他并没有去想那些"空闲时光"或者"金色时光"，他只是专注于自己的劳作——割草时身体的节奏、手里镰刀的重量、身边堆起的秸秆。他并没有追寻劳作背后更高深的存在，劳作本身就是存在。

"事实是劳动者所知的最美的梦。"

这句诗里有一丝神秘之处。它的魅力在于它的字面意思就是它的含义。不过，弗罗斯特在这首诗里体会到的是劳动在生活和求知中的作用。只有劳作才能让我们真正理解存在，理解"事实"。这种理解无法用语言文字描述，无法说明，顶多算是耳语。要听到它，你需要特别接近这一理解的源头。无论是身体上还是心智上的，劳作不过是完成事情的途径。它是冥想的一种，不是戴着镜片观察世界的方式，而是面对面地观察这个世界的方式。行动让我们更加接近事物本身。弗罗斯特揭示了劳作把人和土地联系在了一起，正如爱把自己和另一个人联系在一起一样。超验的对立面——工作，让我们找到了自己。

弗罗斯特是歌颂劳作的诗人。他总是回到具有启示性的时刻，将自我融入周遭的世界中——正如他在另一首令人印象深刻的诗中写道："劳作是凡人的游戏"。文学评论家理查德·波里尔在他的著作《罗伯特·弗罗斯特：体验的劳作》（*Robert Frost: The Work of Knowing*）中用敏感的笔触描述了诗人对辛苦劳作的本质和实质的看法："他的诗作中反映出来的任何高强度劳作，如割草或者摘苹果，都能穿透现实中的幻想、梦想、谎言，直抵深处的幻想、梦想、谎言，为那些对单纯的实际占有游移不定或漠不关心的读者提供了一种具象描写。"这样获得的知识似梦境一般神秘且难以捉摸——它是计算的对立面。然而，"在其神话元素中，与实际劳作的结果，如钱或食物相比，这知识的生命更加长久"。我们开始着手一项任务时，不管是体力上还是脑力上的，不管是自己独立完成还是同他人合作，我们总是会设定一个具体的目标，目光盯着自己劳作的结果——比如收好一堆为家畜准备的饲草。但正是通过劳作本身，我们才对自身和自身的处境有了更为深入的理解。割草的过程比割草的结果更为重要。

使用工具的乐趣

　　所有这些观点都不应被看作是对物质文明的攻击和拒绝。弗罗斯特并不是在美化久远的科技落后的过去。虽然他对那些严重依赖现代科技的人感到担忧，但他自己却感觉与科学家和发明家有着亲密的联系。作为一名诗人，弗罗斯特同这些人一样，有着精神追求。他们都堪称现实生活迷思的拓荒者，是事物意义的挖掘者。他们所从事的事业，正如波里尔描述的一样，都是"能够延伸扩展人类想象力"的工作。对弗罗斯特而言，"事实"的最大价值——不管是在现实世界里，还是一件艺术品中，又或者是在工具或其他发明创造中，都在于其能够扩大个体求知的范围，从而打开理解、行动、想象的新领域。在弗罗斯特临终前创作的长诗《小鹰号》（*Kitty Hawk*）中，他赞颂了怀特兄弟"飞向未知，飞向崇高"的尝试。在怀特兄弟"走向无限"的过程中，他们也让我们这些普通人体验飞翔、体验无拘无束成为可能。怀特兄弟的尝试是一次普罗米修斯式的冒险。弗罗斯特评价道，从一定意义上说，怀特兄弟让无限"合理地为大众所有"。

科技对于求知和生产一样重要。人类的身体在本真和朴素的状态下是微弱无力的。它受到了自身力量、灵活性、感官能力、计算能力、记忆的制约。人的身体很快就会达到自身的极限，不过，人体内却蕴藏着可以想象、期望、计划的心智能力，它可以完成身体做不到的事情。在人类身体能成就的事情和心智能想象到的事情之间存在着一个紧绷的状态，它最终促成并塑造了科技。它促使人类不断地延伸自我，探索自然。科技并不能使我们成为"新人类"或者"超人"，一些作家和学者最近也提出了类似的观点。科技让我们成为人类自己。技术隐含在我们的天性之中。工具是人类梦想的表现形式。人类将工具带到了这个世界。科技的实用性或许使它与艺术区别开来，但是这两者都源自于人类明显且相似的渴望。

割草是诸多不适合人类身体做的事情之一。（试一下你就相信我了。）他之所以割草，之所以成为割草人，都是因为他手里挥舞的工具，那把镰刀。这位割草人应该是，也必须是得到了技术的支持。割草人使用的工具以及他使用这个工具的技能定义了他所在的世界。在他的世界里，他是一位割草人，可以在草地上一排排地割草。虽然从表面来看，这一看法有些微不足道甚至是冗赘，但它却点出了生命的基本要素和生命的形成。

"身体是我们拥有世界的一般方式。"法国哲学家梅洛·庞蒂于 1945 年在他的代表作《知觉现象学》(*Phenomenology of Perception*) 中写道。我们的身体——我们用两条腿直立行走，我们有一对长有对生拇指的双手，我们有眼睛可以观察周遭，我们能忍受一定的炎热和寒冷，这一切决定了我们对世界的感知，它引导并塑造了我们对世界的有意识的思维。我们认为山岭高峻，并不是因为它们高峻，而是因为我们对山岭高度和外形的感知是由我们的天性决定的。在诸多事物中，我们把石头视作武器，是因为我们手掌和胳膊的构造让我们得以捡起一块石头然后扔出去。知觉和认知一样，都是具体象征。

结果就是，任何时候只要我们获得了一项新技能，不仅能改变身体的能力，还能改变这个世界。海洋向那些从没有游过泳的人发出了邀请。我们每掌握一个新技能，自己的世界就会重新改变以展示出新的可能性。自己的世界会变得更有趣，生活也变得更有意义。这可能就是 17 世纪荷兰哲学家斯宾诺莎之所以反对笛卡儿分裂身体与心灵的原因，他写道："人类的心灵可以感知许多事情，而且心灵越有能力，身体展现的才能就越多。哈佛大学物理学教授约翰·爱德华·胡特证明了人可以掌握技能。10 年前，受到因纽特猎人和其他野外专家的启发，胡特开展了"一项通过自然线索学习导航的项目"。经过数月的野外观察和实践，他自学了如何读懂白天与黑夜的天空，破译了云层与波浪的运动规律，并且能够解读树影的秘密。"经过一年的努力，"他回忆道，"我明白了一些东西：我理解世界的方式变了。太阳看起来跟以前不一样了，星星也是。"胡特

通过"原始的经验主义"丰富了自己对环境的理解，这让他的
"体验类似于人们所谓的精神觉醒"。

　　技术让人类突破了自身的肢体限制，也改变了我们对世界
的感知和世界对我们而言的意义。技术的变革力量在发现工具
中体现得最为明显，从科学家们使用的显微镜和粒子加速器，
到独木舟和宇宙飞船，但其实在所有的工具上都能看到这一变
革的力量，甚至包括日常生活里的常用工具。只要有工具能够
帮我们培养一个新技能，这个世界就会有变化，变得更有趣，
成为一个拥有更多可能性的地方。自然的可能性上被附加上了
文化的可能性。梅洛·庞蒂曾写道："有时候，人类的身躯并不
能实现既定的目标，如此一来，我们必须得信任工具，身体在
自己周围映射出了一个世界。"一个制作精良、使用得当的工
具，它的价值不仅在于为我们生产了东西，更重要的是它在我
们内心发挥了作用。技术能开创新天地。它给我们创造了一个可
以重新去理解并且能更好地为人类意图服务的世界——一个我
们能发现更多自我可能的世界。"我的知觉给了我最丰富、最
清晰的可能性时，我的肢体就开始同这个世界一起转动，"梅
洛·庞蒂解释道，"当我开始理解和感知世界的时候，我会接
收到肢体的回应。这种在感知和行动上的清晰定位了一个感性
的模块，这是生活的大背景，是身体和这个世界一致的一般环
境。"彻底而有技巧地使用技术，技术就不再是一个简单的生
产或者消费的工具，就成了一种体验的方式，让我们有了更多
通向富足和丰富生活的方式。

仔细观察一下大镰刀，它虽然简单却非常巧妙。由罗马人或者高卢人于公元前 500 年发明，它有一个弯曲的铁质或钢制刀片，刀片固定在一个长长的木柄之上。通常，在大镰刀柄中部的位置有一个木制的小夹子，这能够让使用的人用双手握住并挥舞。这种大镰刀其实是一种古老镰刀的变体，后者的柄更短，发明于石器时代，在早期农业和文明的发展中发挥了重要的作用。之所以让大镰刀成为一个如此有历史意义的发明作品的是，它长长的刀柄得以让使用者在割除地上草木的同时，还能保持站立的姿势。因此，人们收割饲草、庄稼，修剪园子的速度比之前更快了。农业因此向前跨了一大步。

大镰刀增加了劳动者在田间的劳动强度，但它所带来的收益远远超过了最后的粮食产量。大镰刀是一种非常容易使用的工具，比以前的短柄镰刀更适合割草这种劳作。使用者不用蹲着，就像是在正常行走一样，而且双手握柄更能发挥气力。对于割草类似的工作来说，大镰刀既是工具又是一种发明创造。我们从大镰刀中看到了技术应用于人类中的影响，也看到了一类既能提高社会生产力又不会对个体行为和知觉造成限制的工具。正如弗罗斯特在《割草》中所说，大镰刀加强了使用者对这个世界的感知和参与感。挥舞大镰刀的割草工能做很多工作，但他懂得更多。抛开外观不谈，大镰刀既是心灵的工具，也是身体的工具。

并不是所有的工具都符合人类意愿。有些工具会阻碍我们施展技能。自动化的数字技术非但没有把我们引入一个新世界，鼓励我们培养新的技能，拓宽眼界，提升人类的潜在价值，反而经常起到反作用。这些工具设计出来就是不受欢迎的。它们拉开了人与现实世界的距离。现在流行的以技术为中心的设计策略认为轻松和效率高于一切，这就导致人与世界的疏离。同时，这种观点也反映了一种现实：在个人生活中，计算机已经成为一种媒介设备，精心编写的软件牢牢抓住人类的注意力。因为大多数人都是从经验中获取知识的，所以计算机屏幕特别有吸引力，因为它既便捷又能体现多样性。每时每刻都有事情发生，我们可以随时加入，不用费多大力气。虽然屏幕极具诱惑和刺激，但是，它所能营造的环境也是有限的——快速、高效、整洁，但只能反映世界一隅。

即使是虚拟现实软件中精心设计的模拟空间也存在上述问题，例如电子游戏、CAD模型、三维地图以及外科医生和其他人用来控制机器人的工具。虽然人工模拟空间会刺激我们的视觉，并且或多或少涉及听觉，但其他感官就只能被遗漏了——触觉、嗅觉、味觉，身体活动也受到极大限制。2013年，《科学》杂志上发表了一项研究，以啮齿动物作为研究对象。这项研究表明，当动物在计算机生成的景象中移动时，大脑定位细胞的活跃程度相对其在真实世界中移动时要弱。该项目的研究员之一，加州大学洛杉矶分校神经物理学家马扬克·梅塔说："一半的神经元关闭了。"他认为，神经活动的急剧减少很可能是因为虚拟空间中缺乏"近端线索"——提供地点线索的环境气味、声音和触感。波兰哲学家阿尔弗雷德·科日布斯基有一句名言：“地图并不是它所标明的领地。”虚拟的地图也不只是地域版图。当我们进入玻璃笼子时，需要放弃许多的身体机能。我们没有获得解放，反而受到了禁锢。

反过来，世界也不再如往常那样有意义。随着我们渐渐适应程序化的环境，我们发现，自己不知道这个世界为它热心的居民提供了些什么。就像靠卫星导航的年轻的因纽特人一样，我们也是在蒙着双眼前行。这会导致“存在性贫穷”，自然和文化不再向人类发出邀请，我们无法行动，无法感知。约翰·杜威写道，只有遭遇并战胜“周围的阻力”，个体才能存活下来，并继续成长。“如果一个环境每时每刻都能满足我们，可以使我们立刻发泄内心的冲动，那么这个环境就会限制我们的成长，就像敌意总是能触发愤怒和毁灭一样。如果内心的冲动总是能直接释放出来，那它就没有什么顾虑，对情感也变得麻木了。”

我们的时代充斥着物质的舒适和技术的幻想，同时也弥漫着盲目和阴郁的情绪。在 21 世纪的前 10 年里，服用处方药治疗抑郁症或焦虑症的美国人的数量几乎增长了 1/4。5 个成年人中就有 1 个将这些药物作为常规药服用。根据美国疾病控制与预防中心的报告显示，与同期相比，美国中年人自杀率上升了近 30%。超过 10% 的小学生和近 20% 的高中生被诊断患有注意力缺陷多动障碍，其中 2/3 服用利他林和安非他命治疗。我们无法理解这种焦躁不安。但是，原因之一可能在于，我们追求“无摩擦状态”，将梅洛·庞蒂所说的“人类生活的场所”

变成一片荒芜。药物麻痹了神经系统，控制了我们最重要的中枢神经，让我们的身体适应现在这个受限的环境。

主人和奴隶

弗洛斯特的十四行诗娓娓道来，其中一篇对技术的道德危害提出了警告。技术就像割草人的大镰刀一样残忍，不加分辨地把花——那些娇弱的、淡淡的兰花，同草梗一并割下。许多无辜的动物，比如绿蛇都受到了惊吓。如果技术能表达我们的梦想，那么它也可以用来象征其他事物，象征我们身体里那些恶的东西，比如对权力的渴望以及随之而来的傲慢自大和麻木不仁。弗洛斯特在随后的《一个男孩儿的愿望》中又提到了他对技术的看法。诗的第二节讲到割干草，诗中的主人公来到一片刚刚修剪过的草地，一只蝴蝶从他的眼前翩翩飞过，他的目光被蝴蝶吸引，之后，他发现在割下的草丛里有一小簇花，"一簇花/闪烁的绽放的语言/得到了镰刀的宽恕"。

> 露珠下，它们博得了割草者的爱
> 留下继续繁茂，不是为了我们
> 也不为了吸引我们
> 而是清晨满满的欢愉

弗洛斯特在告诉我们，借助工具进行劳作绝不仅仅是一项实践，它本身带有脆弱性，其中总是蕴含着道德选择，并带来相应的道德影响。这取决于我们——工具的使用者和制造者，我们要教化技术，让冰冷的刀刃也闪耀着智慧。我们应该是敏感的、谨慎的。

目前，世界许多地区还将镰刀作为种粮务农的工具。但是，现代农业已经很少用到镰刀了，现代农业的发展同现代工厂、办公室和家庭类似，要求设备越来越复杂、高效。打谷机诞生于18世纪80年代，机械收割机是在1835年左右问世的，打包机则要晚几年，到了19世纪末，联合收割机开始投入商业化生产。在近几十年，技术发展的步伐才开始加速，而现在，农业实现了计算机化，这一条发展线路是完全符合逻辑的。托马斯·杰斐逊认为，农民是所有职业中最具活力和道德的，但现在，农民却把大部分责任都转交给了机器。农场工人正在被"自动拖拉机"取代，机器人系统借助传感器、卫星信号和软件进行播种、施肥、除草、收获、打包作物，有的还负责挤牛奶、照料家畜。现在正在开发的是机器人牧羊人，可以在大草原上放牧。虽然在工业化农场里有时还会看到镰刀的身影，但没有人会再去倾听它的诉说了。

工具和人具有同质性，这是推动我们使用工具的动力。因为我们认为工具是身体的延伸，是自身的一部分，所以我们别无选择，只能深深卷入那些同工具相关的道德选择之中。不是镰刀而是割草的人选择去砍断还是放过花朵。我们使用工具越来越熟练，对工具的责任感也就自然增强。对于新手来说，手里的镰刀就像是异物；对于成手来说，镰刀和手融为一体。技术会增强物品和使用者之间的联系纽带。身体和道德的这种纠葛不会随着技术复杂性的提高而减退。在一篇关于 1927 年独自飞过大西洋的报道中，查尔斯·林德伯格提到飞机和他自己时好像是在说同一个事物："是我们成功穿越了大洋，而不是我，也不是它。"飞机拥有非常复杂的系统，包含多个组件，但是对于经验丰富的飞行员来说，飞机从本质上来说还是工具。弗洛斯特所说的"镰刀拨开草丛而不伤害花朵的爱，与飞行员拨开云雾的爱，两者是相同的。

　　自动化会削弱工具和使用者之间的联系，这并不是因为计算机控制的系统过于复杂，而是因为自动化不需要太多的人类参与。他们将工作原理隐藏在秘密代码中。在非必要的情况下，自动化都会抗拒操作人员的参与。人类因此无法在使用自动化的过程中锻炼技能。最终，自动化具有一种麻痹人的作用。我们再也不会认为工具是我们自身的一部分。1960 年心理学家兼工程师 J·C·R·利克里德发表了一篇重要论文——"人类计算机共生"（*Man-Computer Symbiosis*），论文描述了人类同技术之间关系的转换。他写道："在过去的人机系统里，人类操作员具有主动权，由他们提出方向，进行整合，制定标准。系统里的机械化部分只能作为人类的延伸，首先是手的延伸，其次是眼睛。"而计算机的问世改变了这一切。"机器不再只是某种扩展，而是取代了人类，自动化大行其道，而留下来的人类与其说是借助机器，不如说是机器帮助的对象。"自动化的程度越高，人们就越会将技术视作一种不可替代的、外部的力量，它会超出人类的控制，不受人类影响。改变技术发现途径的尝试只是徒劳。我们按下了开始按钮，沿着编写好的路径前进。

要采取这样一种服从的姿态，无论怎样都会削减人类原本在控制发展进程方面所肩负的责任。机器人收割机的驾驶座位上空无一人，但是自始至终，收割机和镰刀一样，都是人类意识思维的产物。可能机器并没有像手工工具那样在我们的脑图谱中占有一席之地，但是从道德层面来说，机器仍然是人类意志的延伸。如果一条绿蛇因为机器人而受到惊吓（或犯下更大的错误），我们会去谴责机器人。更深层的责任——监控自我建构的条件也在变小。计算机系统和软件应用在塑造人类生活和整个世界方面所扮演的角色越来越重要，因此，在人类的选择被技术动量排挤掉之前，我们有责任更多地参与系统与应用的设计和使用。我们应该多加注意自己创造的东西。

如果这听起来有点儿天真或不切实际，那是因为我们认为人和技术之间不是躯干和四肢的关系，也不是兄弟姐妹的关系，而是主人和奴隶的关系，这种比喻对我们造成了误导。这种观点由来已久。按照兰登·维纳的描述，在西方哲学思想的启蒙阶段，这种观点就已经确立了，最早由雅典人提出。亚里士多德在《政治》（*Politics*）的开篇就讨论了家庭问题，他认为奴隶和工具从本质上来说是相同的，前者作为"动物性工具"，后者是"非动物性工具"，两者都为主人一家服务。亚里士多德假设，如果工具具有动物性，那么就可以直接替代奴隶了。他期待实现计算机自动化和机器学习，"如果要做到上级不需要下属、主人不需要奴隶，我们能想到的只有一种情况——所有（非动物性）工具都可以按照指令或预期独立完成任务"。就好像"梭子自动编织，拨片自己弹奏竖琴一样"。

一直以来，把工具视为奴隶的观念扭曲了我们的思想。这种想法表明，一直以来整个社会都梦想着摆脱辛勤的劳动，马克思、王尔德和凯恩斯都曾经提到过这一点。并且，无论是技术爱好者还是技术恐惧者，在他们的工作中，我们都可以看到这个愿望。技术评论家耶夫根尼·莫洛佐夫在 2013 年出版的《技术至死：数字化生存的阴暗面》（*To Save Everything, Click Here*）一书中写道："机械奴隶是人类自由的促成者。"同年，技术爱好者凯文·凯利在《连线》杂志上发表了一篇短文，宣称："我们要让机器人接管我们的工作，他们能够做并且会比我们做得更好。"不仅如此，机器人会解放我们，让我们去发现"新任务，扩展人类，机器人让我们更关注人本身"。《琼斯妈妈》（*Mother Jones*）杂志社的凯文·德拉姆在 2013 年也撰写了一篇文章，写道："最终，等待着我们的是自动化的闲暇和沉思乐园。"他预测，到 2040 年，我们那超级智能、超级可靠、超级服从的计算机奴隶——"它们永远不会疲惫，永远不会发脾气，永远不会犯错误"，他们将把我们从辛勤的劳作中拯救出来，带领我们进入更美好的伊甸园。"我们可以随心所欲地度过每一天，可以学习也可以玩电子游戏，全都由我们自己决定。"

如果把人和技术关系中两者的角色调换一下，就会彰显出社会对技术的恐惧。如果我们依靠技术奴隶，不再进行思考，那么我们自己就变成了奴隶。自 18 世纪开始，在描述工厂机器时，社会评论家总是将其塑造成将工人压迫成为奴隶的元凶。马克思和恩格斯在《共产主义宣言》(*Communist Manifesto*) 中写道："大量的劳动者每时每刻都在被机器奴役。"现在，人们总是抱怨自己像是应用软件和科技设备的奴隶。2012 年，《经济学人》杂志上面刊登了一篇题为"智能手机的奴隶"(*Slaves to the Smartphone*) 的文章，文中写道："有些时候，这些设备需要人类授权，但是对大多数人来说，技术奴隶已经翻身成了主人。"更戏剧性的是，一个世纪以来，机器人起义一直是反乌托邦式未来幻想文学的主题，具有人工智能的计算机从奴隶身份翻身一变，成了人类的主人。"机器人"这个词是 1920 年由一位科幻小说作家创造的，它来源于捷克语"robota"，即"奴役"的意思。

这种"主人—奴隶"的比喻，不仅引来了道德上的担忧，也扭曲了人们对技术的认识，人们更加觉得工具和使用者是分离的，工具的力量是独立于人类而存在的。我们开始将技术视作产品，根据技术的内在特征——智能、效率、新颖性和类型来判断一项技术的好坏，而不是以技术给我们带来的帮助为依据。我们选择一项工具因为它是新的、很"酷"、很快，而不是因为借助这个工具我们能更加融入这个世界，丰富我们的经历和认知。我们成了纯粹的技术消费者。

更广泛地说，"主人—奴隶"的比喻促使整个社会对技和进步持一种过分简单的、宿命论的观点。如果我们假定工具是人类的奴隶，认为工具的目的是实现人类的最大利益，那么就不应该尝试去限制技术。任何进步都会给予人类更大的自由，让我们向前跨一大步，即使不是乌托邦，技术也使我们至少离这个世界最好的样子越来越近了。我们告诉自己，任何过失都会被随之而来的创新所弥补。如果我们放任技术进步自行发展，那么它会为进步过程中出现的问题找到解决方法。凯利写道："技术不是中立的，而是人类文化中一股不可抗拒的正面力量。"他这句话表达了这几年里越来越被人们接受的、自私的硅谷理念。"我们有道德义务去发展技术，因为技术会带来更多机会"。而自动化的进步也增强了人类的道德责任感，毕竟自动化工具所散发的生命力最强，并且，正如亚里士多德所说，让人类摆脱劳作的任务非奴隶莫属。

相信技术是一种自动化力量，仁慈且具有自愈能力，这种观点非常吸引人。它让我们乐观地面对未来，也减轻了我们在未来所肩负的责任。有些人依靠自动化系统和控制系统计算机所带来的省力效应和利润集中等特点，获得了巨大财富，对于这些人来说，对技术的信任非常符合他们的利益。技术为这些新兴财阀增添了一抹英雄主义色彩，让他们扮演起了主角：近来的失业现象对人们来说可能是不幸的，但是，仁慈的公司创造出计算机奴隶，以帮助人类寻求最终的解放，在这条道路上，失业是不可避免的。成功的企业家兼投资家彼得·蒂尔是硅谷最杰出的的思想者，他认为"机器人革命从根本上来说就会导致人类失业"。但是，他马上补充道："这也有好处，人类可以获得解放，去做许多其他的事情。"解放听起来比解雇让人舒服多了。

人们对这种浮夸的未来主义已经麻木了。历史提醒我们，在有关技术解放的夸张辞藻背后一般都隐藏着对劳动的蔑视。这样我们就不会轻易相信现在的技术巨头们，不会认为他们是因为倾向自由、不甘于政府缓慢的进度，所以才赞同采取大范围的财富再分配。技术巨头们表示，对于失业人群来说，财富再分配是为实现自我追求提供资金支持的必要方式。即使社会上出现一些"咒语"或"魔力算法"，能够平均分配自动化成果，我们也应该怀疑是否会随之产生凯恩斯所说的"经济福祉"。在汉娜·阿伦特所著的《人的境况》（*The Human Condition*）一书中，有一章体现了阿伦特的先见之明。她认为如果能够实现自动化乌托邦，结果可能给人的感觉不是天堂，而是一个残忍的恶作剧。她写道，整个现代社会是按照"劳动社会"的模式组建起来的，在这个社会里，人类用劳动赚取薪金，然后进行消费，这是人类定义自己和衡量自身价值的方式。许多以前看来"高等的、更有意义的活动"已经被边缘化甚至遗忘了，"只剩下孤独的个体，他们考虑的是工作，而不是谋生"。让技术来满足人类一直以来"想要从劳动的'辛劳困苦'中解放出来的愿望"可能并不能如愿。技术会让我们掉入更深的深渊。阿伦特总结，自动化给我们带来的是"一个没有劳动的劳动者社会，也就是说，人们无事可做。毫无疑问，没有什么能比这更糟糕了"。阿伦特明白，乌托邦主义就是一种错误的渴望。

设计更多的软件并不能解决自动化所带来的或加剧的社会和经济问题。我们的非动物性奴隶不会载着我们驶向舒适与和谐的乌托邦世界。如果要解决或至少缓解这些问题，需要大众同问题的复杂性进行斗争。要保证未来社会能良好发展，我们需要对自动化加以限制。我们要改变对进步的认识，强调社会和个人发展而不是技术进步。我们可能甚至需要接纳一种原来认为无法想象的观点，至少是在商业领域：在人和机器之间赋予人类优先权。

一则寓言

1986 年，加拿大人种论学者理查德·库尔给米哈里·契克森米哈写了一封信。库尔阅读了一些契克森米哈早期的关于心流的文章，并且，库尔也提及了自己深入苏斯渥普（Shushwap）部落所进行的研究，这个原住民部落居住在汤普森河谷，也就是现在的英属哥伦比亚。库尔提到，苏斯渥普部落拥有大面积的领地，领地内资源丰富，猎物众多，还生长着可食用的草和梅子。他们不必为生存担忧。他们建起村子，发展"复杂的技术"，"高效利用环境资源"。他们认为生活是美好且富足的。但是，部落中年纪稍长的人注意到，舒适的环境背后暗藏着危险。"世界是可以预知的，生命中没有了挑战。这样生活也就没有了意义。"因此，每隔

30年，苏斯渥普人就在长者的带领下进行迁徙。他们离开家园，放弃村子，前往野外。库尔写道："所有人都要到另外一个地方。"这样，生活又充满了全新的挑战。"他们要探试新的河流，认识新猎物留下的踪迹，在新领地里种植许多凤仙花。现在，他们的生命又重获意义，又有了生存的价值。所有人都感到活力充沛、内心愉悦。"

破笼而出

当我和来自科罗拉多州的建筑师E·J·米德谈起他公司采用的CAD系统时，他说了一些有启发性的话。困难的部分不是学习如何使用该软件，这是很容易的。困难的是学习如何不使用它。高速、易用和新奇的CAD软件很诱人。该公司的设计师在开始一个项目时的第一反应就是使用电脑。但是，当仔细了解了自己的工作后，他们就意识到该软件会阻碍创造力。即使它能提高效率，但会限制人们对美学和功能的追求。米德和他的同事考虑到自动化的影响，开始抵制该技术的诱惑。他们发现，在项目进行过程中，自己"开始使用计算机的阶段越来越延后"。在工作的早期，即形成阶段，他们用回了速写本和描图纸，用纸板和泡沫芯材制作模型。"在后期，电脑非常好用，"米德在总结自己对CAD软件的了解时说，"相当便利。"但是电脑的"便利"也可能潜藏危险。对于粗心和缺乏判断力的人来说，它可以压倒其他的因素，使设计师忽视更重要的考量。"你必须深入了解该工具，避免被它操控。"

与米德谈话的一年多前，我刚开始为本书进行研究，我有幸在一所大学校园与该校一名自由摄影师见面。他在一棵大树下悠闲地站着，等待一些挡住阳光的云彩飘走。我注意到他面前庞大的三脚架上有一台大幅胶片相机，十分显眼，因为它看起来十分古老、有些可笑。我问他为什么还在使用胶片。他告诉我，在几年前他用数码摄影和能够运行最先进图像处理软件的计算机取代了胶片相机和暗房，但几个月后，他又换了回来。他并不是对设备的操作或图像的分辨率、精度不满意，而是因为他工作的方式发生了变化，并且不如从前。

对胶片相机而言，拍照和冲洗照片的固有制约，如费用、辛劳、不确定性，鼓励他在工作时慢下来，谨小慎微、深思熟虑，感受存在的深刻物理意义。在他拍摄照片之前，他会在心中精心构图，考虑现场的光线、色彩、取景和形式。他会耐心等到合适的时机才按下快门。有了数码相机，他可以工作得更快。他可以连续拍摄大量照片，然后用电脑整理、修剪和微调效果最佳的照片。在拍摄照片后再进行构图。起初，这种变化令人感到陶醉。但他最终发现自己对结果感到失望。这些图片让他心灰意冷。他意识到，使用胶片必须遵从感知、视觉的规则，从而拍摄出更丰富、更巧妙、更动人的照片。胶片对他的要求更多。于是他又重新使用了原来的技术。

无论是建筑师还是摄影师，都拒绝使用电脑。这不是出于对丧失工具或自主性的那种抽象的担忧，也不是因为他们是斗士。他们只是想在工作中使用最佳工具，可以鼓励并帮助他们做出最好的、最令人满意的作品。他们逐渐明白，最新、最自动化、最方便的工具并不总是最好的选择。虽然我敢肯定，在被比作勒德分子①时他们会大发雷霆，但是尽管没有怒火和暴力，他们决定在工作的某些阶段放弃最新的技术也是一种反叛，一如当年发生在英国的破坏机器的行为。和勒德分子一样，他们明白，对技术的选择正是对工作方式和生活方式的选择，他们掌握了选择的控制权，而不是拱手让于他人或者让步于先进的势头。他们只是退后一步，批判性地看待技术。

从社会的角度来看，我们已经开始怀疑这种行为。出于无知、懒惰或胆怯，我们已经把勒德分子变成了讽刺漫画的主角，把他们当作落后的标志。我们臆断，所有拒绝新工具、支持旧工具的人都犯了"怀旧罪"，他们做出的选择是感性而非理性的。然而真正的感性谬误却是臆断新东西总是比旧东西更适合达成我们的目的和意图。这是小孩子的观点，太天真，站不住脚。一个工具优于其他工具并不在于它的新旧，重要的是它能增强还是削弱我们的能力，它能如何塑造我们对自然和文化的体验。把对我们日常生活的选择拱手让于被称为"进步"的宏大抽象概念是愚蠢的行为。

科技一直向人们提出挑战，让人们思考生活中什么是重要的，让人们扪心自问人究竟指的是什么，我在本书开头已经提到了这一点。自动化延伸到了我们存在的最私密领域，从而增

---

① 英文名Luddite。指持有反机械化以及反自动化观点的人。——编者注

加了风险。我们可以让自己在技术浪潮中随波逐流，也可以逆流而行。拒绝发明并不是排斥发明，而是让发明融入我们的生活，让进步脚踏实地。技术人员心爱的《星际迷航》中有句经典台词："抵抗是徒劳的。"但是，事实与之相反。抵抗永远不是徒劳的。如果如爱默生所说，我们生命力的来源是"活的灵魂"，那么我们最崇高的责任就是抵制任何削弱或腐蚀灵魂的力量，不论其来自制度、商业还是技术。

关于我们，最显而易见也最容易被忽略的一件事是：我们每次与事实碰撞，都会加深我们对世界的认识，并更好地成为它的一部分。在与挑战搏斗时，我们可能期待辛勤劳动尽早结束，但是，如弗罗斯特所言，正是工作本身造就了我们。自动化将结果与过程分离。它使我们更容易得到自己想要的，却让我们远离了认知的任务。当我们每天面对着屏幕，我们与苏斯渥普部族一样，也面临着同样的生存问题：我们的本质是否还是在于我们的所知，抑或我们现在满足于用需求来定义自己？

这听起来是个很严肃的问题，但目的是获得喜悦。活的灵魂是明亮的灵魂。通过将工具视为经验，视为自己的一部分，而不只是生产的手段，我们可以在技术将世界更完整地呈现在我们面前时，享受其带来的自由。100多年前，劳伦斯·斯佩里和埃米尔·加香在巴黎明媚的春光中爬到自己由陀螺仪平衡的寇蒂斯C-2双翼飞机的机翼上，心中充满了恐惧和喜悦，他们飞过看台，看到下面的人群敬畏地抬头仰望。在我的想象中，这就是他们当时所感受到的自由。

　　本书的题词是威廉·卡洛斯·威廉斯《致埃尔西》(*To Elsie*)的最后一节，该诗出现在他1923年的诗集《春天及一切》(*Spring and All*)中。

　　我要向以下受访者、评论家或记者深表感谢，他们给我提供了观点和帮助：克劳迪奥·阿波塔、亨利·比尔、韦罗妮克·博博、乔治·戴森、格哈德·费希尔、马克·格罗斯、凯瑟琳·海尔斯、查尔斯·雅各布斯、琼·洛伊、E·J·米德、拉嘉·帕拉休拉曼、劳伦斯·波特、杰夫·罗宾斯、杰弗里·罗、阿里·舒尔曼、埃文·泽林格、贝齐·斯帕罗、蒂姆·斯旺、本·特瑞纳以及克里斯托夫·范宁韦根。

　　《玻璃笼子》是由诺顿出版社编辑布兰登·柯里指导的我的第三本书。我要感谢布兰登和他的同事的工作。并且，我还要对我的代理约翰·布罗克曼以及布罗克曼公司的同事们表示感谢，感谢他们充满智慧的建议和支持。

　　本书中的部分章节在成书前通过不同形式对外发表过，例如《大西洋报》、《华盛顿邮报》、《麻省理工学院技术评论》以及我的博客"Rough Type"。